"十三五"国家重点出版物出版规划项目

材料科学研究与工程技术/预拌混凝土系列

《预拌混凝土系列》总主编 张巨松

混凝土尺寸稳定性

DIMENSIONAL STABILITY OF CONCRETE

马新伟　张巨松　编著

哈尔滨工业大学出版社
HARBIN INSTITUTE OF TECHNOLOGY PRESS

内 容 简 介

本书在分析和总结现代混凝土的组成材料及配合比特征的基础上,就突出的尺寸稳定性问题展开论述;深入剖析了以各种收缩为主要变形特征的混凝土的尺寸稳定性的机理;总结评述了国内最新的混凝土尺寸稳定性的评价方法;从原材料、配合比、环境条件、施工条件等方面论述了混凝土尺寸稳定性的影响因素,并从各个方面提出了提高混凝土尺寸稳定性的技术措施;对于工程中尺寸稳定性问题最为突出的大体积混凝土结构和超长混凝土结构,在混凝土制备、设计与施工等方面提供了可行的实施方案。

本书可作为土木工程专业、无机非金属材料专业及其他相关专业的本科生及研究生、混凝土生产技术人员、工程施工从业人员的参考书。

图书在版编目(CIP)数据

混凝土尺寸稳定性/马新伟,张巨松编著. —哈尔滨:哈尔滨工业大学出版社,2019.8
ISBN 978-7-5603-7596-0

Ⅰ.①混… Ⅱ.①马…②张… Ⅲ.①混凝土—形态稳定性—研究 Ⅳ.①TU528

中国版本图书馆 CIP 数据核字(2018)第 184571 号

材料科学与工程
图书工作室

策划编辑	许雅莹 杨 桦 张秀华
责任编辑	张 瑞 庞 雪
封面设计	卞秉利
出版发行	哈尔滨工业大学出版社
社　　址	哈尔滨市南岗区复华四道街 10 号　邮编 150006
传　　真	0451-86414749
网　　址	http://hitpress.hit.edu.cn
印　　刷	哈尔滨市石桥印务有限公司
开　　本	660mm×980mm　1/16　印张 12.5　字数 220 千字
版　　次	2019 年 8 月第 1 版　2019 年 8 月第 1 次印刷
书　　号	ISBN 978-7-5603-7596-0
定　　价	38.00 元

丛 书 序

混凝土从近代水泥的第一个专利(1824年)算起,发展到今天已经近两个世纪了,关于混凝土的发展历史专家们有着相近的看法。吴中伟院士在其所著的《膨胀混凝土》一书中总结:水泥混凝土科学历史上曾有过3次大突破:

(1)19世纪中叶至20世纪初,钢筋和预应力钢筋混凝土的诞生。

(2)膨胀和自应力水泥混凝土的诞生。

(3)外加剂的广泛应用。

黄大能教授在其著作中提出,水泥混凝土科学历史上曾有过3次大突破:

(1)19世纪中叶,法国首先出现钢筋混凝土。

(2)1928年,法国E. Freyssinet提出了混凝土收缩徐变理论,采用了高强钢丝,发明了预应力锚具,成为预应力混凝土的鼻祖、奠基人。

(3)20世纪60年代以来,外加剂新技术层出不穷。

材料科学在水泥混凝土科学中的表现可以理解为:

(1)金属材料、无机非金属材料、高分子材料分别出现。

(2)19世纪中叶至20世纪初无机非金属材料和金属材料的复合。

(3)20世纪中叶金属材料、无机非金属材料和高分子材料的复合。

由此可见,人造三大材料即金属材料、无机非金属材料和高分子材料在水泥基材料中,于20世纪60年代完美复合。

1907年,德国人最先取得混凝土输送泵的专利权;1927年,德国的Fritz Hell设计制造了第一台得到成功应用的混凝土输送泵;荷兰人J. C. Kooyman在前人的基础上进行改进,于1932年成功地设计并制造出采用卧式缸的Kooyman混凝土输送泵;到20世纪50年代中叶,西德的Torkret公司首先设计出用水作为工作介质的混凝土输送泵,标志着混凝土输送泵的发展进入了一个新的阶段;1959年西德的Schwing公司生产出第一台全液压混凝土输送泵,混凝土输送泵的不断发展也标志着泵送混凝土的快速发展。

1935 年,美国的 E. W. Scripture 首先研制成功了以木质素磺酸盐为主要成分的减水剂(商品名"Pozzolith"),于 1937 年获得专利,标志着普通减水剂的诞生;1954 年,制定了第一批混凝土外加剂检验标准;1962 年,日本花王石碱公司服部健一等人研制成功 β-萘磺酸甲醛缩合物钠盐(商品名"麦蒂"),即萘系高效减水剂;1964 年,联邦德国的 Aignesberger 等人研制成功三聚氰胺减水剂(商品名"Melment"),即树脂系高效减水剂,标志着高效减水剂的诞生。

20 世纪 60 年代,混凝土外加剂技术与混凝土泵技术结合诞生了混凝土的新时代——预拌混凝土。经过半个世纪的发展,预拌混凝土已基本成熟,为此,我们组织编写了《预拌混凝土系列》丛书,希望系统总结预拌混凝土的发展成果,为行业后来者的迅速成长铺路搭桥。

本丛书内容宽泛,加之作者水平有限,不当之处敬请读者指正!

总主编　张巨松
2017 年 12 月

前　言

预拌混凝土于 20 世纪 70 年代在我国开始出现,在 20 世纪 80 年代获得推广,到了 20 世纪 90 年代基本普及。进入 21 世纪后,预拌混凝土制备、施工技术趋于成熟,甚至在多个方面处于世界领先的水平。制备技术在实现大流态化、自密实、高强度、高耐久性方面取得了巨大的进步;施工泵送技术方面实现了数百米高层建筑的一次性泵送浇注施工,生产、运输、泵送设备的制造技术也达到了世界领先的水平。但预拌混凝土的工程质量并非尽如人意,随着预拌混凝土生产规模化、建筑物体量大型化、施工技术现代化的实现,在施工过程中混凝土的开裂现象不是减少了,而是增多了。混凝土的开裂轻则影响混凝土的外观,严重时会影响混凝土结构的安全。面对这一无可争议的事实,混凝土从业人员做出了诸多的努力但收效甚微。这一问题成为了工程技术人员的"心病",如何正确认识并采取科学的手段减少甚至避免混凝土的开裂是预拌混凝土技术发展的核心问题。

混凝土因不同形式的收缩导致的变形及开裂是混凝土尺寸稳定性不良的重要原因。最容易产生开裂质量事故的混凝土构件包括大面积的墙面或地面、大体积混凝土、结构及超长混凝土结构,裂缝通常出现在混凝土硬化过程的早期,某些工程的裂缝宽度可达 5 mm 以上,深度达 100 mm 甚至更深。加入膨胀剂是控制裂缝的重要措施,但实际工程中加入膨胀剂控制裂缝的效果并不明显,甚至因加入膨胀剂后开裂更加严重。出现开裂事故往往是由于对混凝土开裂的严重性重视不够,对导致其开裂的原因认识不清。

混凝土以收缩为主要表现形式的变形是混凝土的固有特征。导致混凝土出现收缩甚至开裂的原因是多方面的,有材料的原因,也有施工及环境方面的因素。清晰、深入地认识混凝土收缩及开裂的内在机理,明确导致混凝土产生体积稳定性不佳的原因,知晓增强混凝土体积稳定性的措施是减小收缩、减少甚至避免混凝土开裂的根本。

2016 年年初,作者荣幸地接受了哈尔滨工业大学出版社和丛书编写委员会的邀约,主要负责《混凝土尺寸稳定性》一书的撰写工作。本书的撰写旨在对多年来国内外同行学者在混凝土尺寸稳定性这一课题的研究成果进行梳理,重点结合自己的研究成果和体会,系统地总结混凝土收缩及开裂的原因、收缩变形的内在机理、减少收缩及开裂的措施。通过本书的撰写,本人找到了一次向国内外同行学者学习的机会,本书可作为土木工程专业、无机非金属材料专业及其他相关专业的本科生及研究生、混凝土生产技术人员、工程施工从业人员的参考书,希望能为行业同仁提供一些帮助。

本书参考了相关领域的文献并在个人研究成果的基础上编著而成,由于作者水平有限,对问题的认识难免不够全面,疏漏之处还请读者批评指正。

马新伟

2018 年 12 月于威海

目　　录

第0章 绪 论

水泥混凝土是当今世界上最主要的工程材料。2014年,全国水泥产量达到了历史最高的 24.76 亿 t,超过了世界其他国家水泥产量的总和;2015年后全国水泥产量均在 23 亿 t 左右。每年有超过 20 亿 m³ 的混凝土被广泛用于工业与民用建筑、铁路、公路、桥梁、隧道、大坝、海港、码头等各种工程建设中,其中绝大部分是预拌混凝土。

预拌混凝土作为散装水泥发展的产物,是社会进步、文明施工的体现。混凝土的研制、生产、使用经历了近 200 年的发展历史。预拌混凝土采用集中搅拌,是混凝土生产由粗放型生产向集约化生产的转变,它实现了混凝土生产的专业化、商品化和社会化,是建筑依靠技术进步改变小生产方式、实现建筑工业化的一项重要改革,而且有显著的社会效益和经济效益。

我国预拌混凝土行业始于 20 世纪 70 年代末至 20 世纪 80 年代初,在 20 世纪 90 年代中后期得到了蓬勃发展。北京、上海、天津、无锡、沈阳等城市的预拌混凝土实现了商品化,并采用混凝土输送车运输、混凝土泵输送浇筑,混凝土发展为以流态为主,技术逐步成熟和完善。从这时起,预拌混凝土作为一个独立的、新兴的产业真正起步、发展,并逐步走向巅峰。

进入 20 世纪 90 年代,随着经济建设的快速发展,城市建设和基础设施建设逐年增多,混凝土需求量也随之增大,由此带动了预拌混凝土行业的快速发展。

目前,预拌混凝土以其进度快、质量好、劳力省、消耗低、技术先进、施工现场文明等诸多优点已成为土木工程行业不可缺少的组成部分,受到人们的普遍欢迎。大中小城市已基本实现了商品混凝土的全覆盖。据不完全统计,我国已建成预拌混凝土站(厂)9 600 多家。2014 年,规模以上预拌混凝土生产企业实际产量达到 15.54 亿 m³,实现了较高的混凝土商品化水平。

预拌混凝土行业的发展与混凝土的施工手段的发展是紧密相关的。目前,泵送混凝土的使用已达到 80% 以上,高等级和低等级两种极端情况的混凝土的泵送问题已得到解决。在泵送高度方面也有很大提高,随着上海金茂大厦一次泵送高度达到 382.5 m,广州电视塔 C100 混凝土一次泵

1

送高度达到了 400 m 以上，上海中心大厦泵送高度达到 606 m，以及天津 117 大厦 621 m 混凝土泵送成功，混凝土泵送技术日渐成熟。

预拌混凝土在全球推广，使混凝土进入"双掺"时代，或称为"六组分"时代。与传统非泵送"四组分"混凝土相比，成功地解决了工作性和强度两大问题。工作性的解决不仅体现在泵送高度的提升，还体现在可以实现很好的自密实性，传统意义上的耐久性也得到了一定程度的提高。然而，预拌混凝土要求流动性大，由于矿物掺和料和高效减水剂的大量应用，胶结料和细骨料比例偏大、粗骨料比例偏小，使得预拌混凝土收缩较普通混凝土明显增大，以致混凝土尺寸稳定性问题日益凸显，使混凝土面临新的耐久性问题，即普遍开裂。

混凝土尺寸稳定性问题造成的工程质量问题主要是结构在非荷载条件下的不均匀变形及开裂。据统计，在混凝土结构的裂缝中，有 70% 以上为非荷载裂缝，主要原因是预拌混凝土材料本身在早期体积稳定性不佳。混凝土结构最常见的裂缝出现在大面积的平板结构（如混凝土楼板）、超长平板结构（如混凝土路面）、混凝土墙体、大型混凝土构件等至少一维尺寸较大的混凝土结构中。

从裂缝的表现形式来看，有以下几种情况：

（1）较轻微的表面开裂，走向不规则。此类裂缝一般深度不大，不会对结构安全产生明显的影响，但仍属于质量缺陷，是工程中遇到的最普通的开裂形式。

（2）较严重的表面裂缝，走向不规则。此类裂缝宽度较大（3 mm 甚至更宽），深度较深（50 mm 甚至更深），一般是由收缩及温度变形等综合原因造成的，可能对结构造成影响，影响工程质量。

（3）较轻微的表面开裂，走向规则。此类裂缝一般随钢筋的走向形成，由于深度不大，一般对结构安全无明显的不良影响，但仍属于质量缺陷。

（4）贯穿性裂缝，走向规则。此类裂缝一般出现在超长的平板结构或墙体结构中，无论裂缝宽度大小都对结构造成影响。

无论何种开裂的出现都将对混凝土的外面质量或结构使用功能甚至结构安全造成一定影响，在工程中受到了业内人士的高度关注，如何避免或减少开裂的产生是工程中面临的重要课题。

混凝土尺寸稳定性产生的因素主要包括四个方面，即不同形式的收缩、徐变、温度变形和碳化收缩变形。其中，收缩被认为是混凝土出现开裂最主要的因素，在过去的 20 年中，国内外学者针对混凝土的各类收缩开展了大量的研究，使其成为了这一阶段最活跃的研究领域之一，尤其是自收缩受到了前所未有的关注。经过多年的研究和实践,在混凝土收缩机理、收缩测试手段、减缩技术、收缩补偿措施、混凝土防裂施工工艺等方面都取得了极大的丰富和发展,使混凝土尺寸稳定性的研究和实践达到了历史最高水平。

由于研究方案、研究条件、试验手段、材料差异等各方面的原因,国内外学者对相同问题或类似问题的研究结果并不完全一致,甚至有时得到完全相反的结论,对问题认识也不完全相同。研究成果都是在一定试验条件下对特定试验现象的总结,分布在众多的国内外杂志上,通过阅读文献很难对混凝土尺寸稳定性这一焦点问题有全面的认识。

本书撰写的目的在于对关于混凝土尺寸稳定性的问题进行专题的研究和总结。综述和概括有关混凝土尺寸稳定性方面的最新研究成果,其中涉及引起混凝土尺寸稳定性问题的产生机理、测试的方法、影响混凝土尺寸稳定性的因素、提高混凝土尺寸稳定性的技术措施、大体积及超长结构混凝土尺寸稳定性的关键问题等内容。在概述和总结现有研究成果的基础上,结合作者自身在这一专题方面研究的体验,对混凝土的尺寸稳定性这一专题进行了分析和讨论。

第1章 现代混凝土的
组成材料及配合比特征

按照传统概念对混凝土的理解,由水泥、细骨料(砂)、粗骨料(石)、水按照适当的比例经拌和、浇筑成型,再经过一段时间养护而成的一种人造石材即为混凝土。拌和后不久的混凝土也称为新拌混凝土。

经过 200 年的发展,水泥的矿物组成在悄然发生变化,混凝土的组成及配合比也具有了鲜明的时代特点。对于水泥混凝土来说,传统的胶凝材料仅指水泥,而现代混凝土绝大多数情况下的胶凝材料并非仅是水泥,而是加入了一种或多种矿物掺合料构成复合胶结料。现代混凝土中,外加剂几乎成了混凝土必不可少的组成部分,为了实现混凝土某些方面的性能要求,往往加入一种或多种外加剂。外加剂的普遍使用极大地推动了混凝土技术的发展。随着天然细骨料的日益枯竭,人造细骨料(机制砂)也正在越来越多地取代天然砂而用于现代混凝土的制备。

材料的改变为混凝土带来了诸多性能方面的改变,其中也包括混凝土尺寸稳定性方面的改变。本章将从混凝土的组成材料入手,讨论现代混凝土的组成材料及配合比特征。

1.1 水 泥

这里水泥是指硅酸盐水泥,即国家标准中所指的通用硅酸盐水泥,是由硅酸盐水泥熟料和适量的石膏,以及适当的混合材料制成的水硬性胶凝材料。根据混合材料的品种和掺量,水泥可分为硅酸盐水泥、普通硅酸盐水泥、矿渣硅酸盐水泥、火山灰质硅酸盐水泥、粉煤灰硅酸盐水泥和复合硅酸盐水泥。水泥所表现出的性能不仅与硅酸盐水泥熟料的矿物组成有关,也受矿物掺合料的品种及掺量的影响。

1.1.1 熟料的矿物组成

硅酸盐水泥熟料由 4 种基本矿物组成,即硅酸三钙($3CaO \cdot SiO_2$,简式

为 C_3S)、硅酸二钙($2CaO \cdot SiO_2$,简式为 C_2S)、铝酸三钙($3CaO \cdot Al_2O_3$,简式为 C_3A)和铁铝酸四钙($4CaO \cdot Al_2O_3 \cdot Fe_2O_3$,简式为 C_4AF)。硅酸盐水泥熟料的矿物组成见表 1.1。

表 1.1　硅酸盐水泥熟料的矿物组成

矿物名称	质量分数 /%	
	传统水泥	现代水泥
硅酸三钙(C_3S)	$47 \sim 55$	$55 \sim 63$
硅酸二钙(C_2S)	$17 \sim 31$	$13 \sim 25$
铝酸三钙(C_3A)	$7 \sim 15$	$1 \sim 15$
铁铝酸四钙(C_4AF)	$10 \sim 18$	$8 \sim 16$

　　传统水泥是指 20 世纪 80 年代国内外大多数情况下的水泥,数据常见于教材和工具书中。与传统的水泥熟料相比,现代水泥熟料的矿物组成发生了明显变化。根据杨文科先生的调研结果,2010 年,水泥矿物成分中,C_3S 的含量[①]为 55% ～ 63%,明显高于传统水泥中 C_3S 的含量,而 C_2S 的含量有所降低。由于对混凝土耐久性的要求,C_3A 的含量有降低的趋势,C_4AF 的含量变化不大。我国在 2000 年前后实行 ISO 标准后,部分水泥企业采取了提高铝质矿物含量来提高早期强度。

1.1.2　碱含量

碱含量较高是现代水泥的另一重要特征。

碱含量对水泥质量的影响主要表现在以下几个方面:

(1)水泥凝结加快。

(2)标准稠度用水量增大。

(3)1 d、3 d 强度有所提高,但 28 d 强度降低。

(4)收缩速率加快,收缩量加大,增大混凝土开裂的危险。

(5)增大与活性集料发生碱集料反应的风险。

水泥熟料中碱大部分来源于石灰石,其次来源于黏土(砂土)及铁质、铝质校正原料,少量来自燃料。

欲降低熟料中碱含量,一是降低原料(主要是石灰石、黏土)中的碱含量;二是在生产过程中排出部分碱,对一般回转窑可将部分或全部窑灰丢

---

① 本书中如无特殊说明,含量均指质量分数。

弃,对预分解窑可旁路放风降低水泥中的碱含量。

但降低水泥碱含量并不容易,在我国东北、华北、西北的广大地区,石灰石中碱含量普遍较高,处于这些地区的水泥厂要获取碱含量较低的石灰石资源很难做到。我国的硅质校正原料碱含量普遍较高,除个别厂可选择含碱较低的硅质原料外(如砂岩等),多数水泥厂无法降低硅质原料的碱含量。回转窑可丢弃部分或全部窑灰,不将其重新入窑或掺入水泥,最多可降低水泥中 1/3 的碱含量,但对丢弃的大量窑灰的处理却又要付出较大的代价。预分解窑靠旁路放风可以去除部分碱,一定程度上降低了碱含量,但在能耗、设备、窑灰处理等方面却要付出相应的经济代价,所以我国水泥高碱的现状还会持续一定时间。

1.1.3　混合材料

水泥混合材料是指在水泥生产过程中,为改善水泥的性能、调节水泥的强度等级而掺入的人工或天然矿物材料。在混凝土拌制过程中,为改善混凝土的性能或降低成本而加入的矿物材料习惯被称为掺合料。混合材料和掺合料的实质是相同的。

混合材料按其在水泥中参与反应的程度,可分为活性混合材料和非活性混合材料两类。

活性混合材料是指具有火山灰活性或潜在水硬性的,或兼有火山灰活性和水硬性的矿物质材料。活性混合材料本身与水混合不会水化或水化速度极慢或生成的水化产物极少。 但活性混合材料经磨细后与 $Ca(OH)_2$、石膏混合后,在常温下即能生成具有胶凝性质的水化产物且具有水硬性。典型的活性混合材料包括磨细的粒化高炉矿渣粉、磨细的火山灰质混合材料和粉煤灰。活性混合材料所具有的活性成分是玻璃态的活性 SiO_2 和活性 Al_2O_3。

在硅酸盐水泥中加入活性混合材料,在与水拌和后首先发生的是水泥熟料的水化。水泥熟料中硅酸钙矿物的水化产物 $Ca(OH)_2$ 与活性混合材料中的活性 SiO_2 和活性 Al_2O_3 发生水化反应生成具有胶凝性质的水化产物。相对于熟料矿物的一次水化反应,该类反应也称为二次水化反应或二次反应。

$$x_1 Ca(OH)_2 + SiO_2(活性) + n_1 H_2O \longrightarrow x_1 CaO \cdot SiO_2 \cdot (n_1 + x_1)H_2O$$
$$x_2 Ca(OH)_2 + Al_2O_3(活性) + n_2 H_2O \longrightarrow x_2 CaO \cdot Al_2O_3 \cdot (x_2 + n_2)H_2O$$

非活性混合材料是指在高温条件下不能与水泥水化产生的 $Ca(OH)_2$ 或其他碱性物质发生反应,或反应甚微,不能生成具有水硬性水化产物的混合材料,如黏土、石粉等。

在水泥中加入混合材料以及在混凝土拌和过程中加入大量的矿物掺合料是现代混凝土的重要特征,也是我国水泥和混凝土的特色。

水泥中掺入混合材料后,水泥的性能自然发生相应的变化,主要表现在以下几个方面:

(1)使水泥熟料矿物得到不同程度的"稀释",单位质量水泥中的熟料矿物含量减少,发生一次水化反应的物质的量减少。二次反应需要一次反应的水化产物参与反应方可进行,且二次反应的反应速度缓慢,因此混凝土强度发展缓慢。

(2)由于相同的原因,在混凝土单位体积水泥用量相同的情况下,水化热释放速率降低且水化热总量减少,使混凝土因温升而导致开裂的可能性大大降低。

(3)二次反应消耗掉了大量的 $Ca(OH)_2$,使混凝土碱度降低。这对于提高混凝土在酸性介质中的耐久性、提高抗硫酸盐腐蚀能力、降低碱－骨料反应的风险是有利的。

(4)二次反应的水化产物可以有效地填充毛细孔隙,改善骨料界面区的结构,对改善水泥制品抗渗透性、提高混凝土的强度是有利的。

在水泥中加入混合材料或在拌合过程中加入掺和料,对改善混凝土性能、降低成本是有积极意义的,但加入混合材料或矿物掺合料并非没有负面作用,对混凝土性能的影响是多方面的,具体对混凝土尺寸稳定性方面的影响将在后续章节讨论。

1.1.4　水化过程及水化热

水泥的熟料矿物与水接触后,在常温下即发生以下反应生成水化产物。

水泥的主要矿物与水发生如下化学反应(C 代表 CaO,S 代表 SiO_2,H 代表 H_2O,$C\hat{S}$ 代表 $CaSO_4$,A 代表 Al_2O_3,F 代表 Fe_2O_3):

$$2C_3S + 6H \longrightarrow C_3S_2H_3 + 3CH$$

$$2C_2S + 4H \longrightarrow C_3S_2H_3 + CH$$

$$C_3A + 3C\hat{S} \cdot H_2 + 26H \longrightarrow C_3A \cdot 3C\hat{S} \cdot H_{32}$$

$$C_4AF + 7H \longrightarrow C_3AH_6 + CFH(凝胶)$$

水泥水化所生成的水化硅酸钙凝胶 $C_3S_2H_3$ 是起到胶结作用的主要物质,是水泥强度的主要来源。需要说明的是,CaO、SiO_2 和 H_2O 之间物质的量的比并非严格意义上的 $3:2:3$,因此水化硅酸钙凝胶常写成 CSH 或 $C-S-H$。

4 种矿物的水化反应速率存在较大差别,其中 C_3A 的反应速率最大。在水泥中不加入石膏时,水泥加水后可导致水泥的瞬凝,影响施工操作。但 C_3A 的水化产物强度较低,对混凝土的终期强度影响不大。

C_3S 水化反应速度快,生成水化硅酸钙凝胶和六方板状的 $Ca(OH)_2$ 晶体。CSH 凝胶对水泥制品的早期和后期强度均起到决定性的作用。

C_2S 水化反应产物的类型与 C_3S 水化反应产物的类型相同,但其水化反应慢,因此自身早期强度低,对水泥制品的早期强度影响小。在保持足够的湿度时,C_2S 能够长期持续水化,一年后的强度可以达到甚至超过 C_3S 的强度,且具有很好的尺寸稳定性。

C_4AF 水化反应较快,生成的水化产物为水化铝酸三钙立方晶体与水化铁酸钙凝胶,强度较低。其对水泥混凝土强度的影响常被忽视。

4 种水泥矿物的抗压强度如图 1.1 所示,从图 1.1 可观察到强度发展速率。

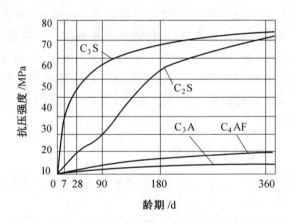

图 1.1　4 种水泥矿物的抗压强度

水泥的水化过程是一个放热的过程。各种矿物的放热量和放热速率不同甚至差别很大,其中 C_3A 的放热量最大,放热速率最快,而 C_2S 的放热量最小,放热速率也最慢,如图 1.2 所示。需要指出的是,国内外相关书籍中所述的 4 种矿物放热量及放热速率的大小顺序是没有异义的,但因研究条件不同,其绝对值的大小并不是一致的。

水泥熟料的矿物组成决定了水泥放热量的大小和放热速率的快慢。水泥放热量和放热速率决定着混凝土温升的幅度和速率、温升的大小及速率对混凝土结构(尤其是大体积混凝土结构)的尺寸稳定性也将产生重要影响,相关内容将在后续章节详细讨论。

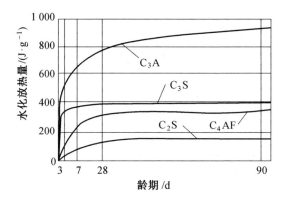

图 1.2　熟料矿物水化放热量

1.1.5　细度

细度是指水泥颗粒的粗细程度。在矿物成分相对稳定的前提下,细度对水泥的水化历程有重要影响。一般来说,水泥越细,其需水量越大,凝结时间越短,强度发展越快,最终所达到的强度往往偏低。

细度的大小可以用一定孔径的标准筛的筛余百分率和比表面积来描述。按照现行国家标准《通用硅酸盐水泥》(GB 175—2007)的规定,硅酸盐水泥和普通硅酸盐水泥的细度以比表面积表示,要求其比表面积不小于 $300\ m^2/kg$;矿渣硅酸盐水泥、火山灰质硅酸盐水泥、粉煤灰硅酸盐水泥和复合硅酸盐水泥的细度以筛余百分率表示,$80\ \mu m$ 方孔筛的筛余百分率不大于 10% 或 $45\ \mu m$ 方孔筛的筛余百分率不大于 30%。

如果片面认为水泥颗粒越细,水泥质量越好也是不确切的。水化速度快、强度发展快意味着水泥早期水化热释放集中,导致混凝土在早期最为脆弱的时候温度变形大,在结构受到约束时造成混凝土开裂的可能性大大增加,需要采取必要的措施控制混凝土的温升,尤其对于较大体积的混凝土结构,由温升导致的问题将更加突出。早期水化速度快,同时也意味着在短期内化学反应进行的程度提高,化学反应导致整个体系的化学收缩(或化学减缩)也更加显著,对混凝土的尺寸稳定性造成不利影响。当水胶比较小时,早期快速的水化反应也意味着水泥内部湿度的快速下降,内部的自干燥也是造成混凝土收缩甚至开裂的重要原因。

国家标准《通用硅酸盐水泥》(GB 175—2007)规定,水泥的比表面积不小于 300 m²/kg 即为合格。为了充分挖掘水泥的水化活性，提高早期强度甚至水泥的 28 d 强度，现代水泥生产中往往以提高细度来达到这一目的。比表面积由传统的 300～350 m²/kg 提高到 350～380 m²/kg，甚至超过了 400 m²/kg，这一改变对提高早期强度、加快工程进度和缩短工期是有利的。但其负面作用也不容忽视，最突出的问题就是水泥收缩加大，混凝土开裂更加普遍。

1.2　骨　料

骨料是混凝土的重要组成部分，一般占混凝土总体积的 70% 以上。2016～2018 年，全国水泥的平均年产量约 23 亿吨，混凝土或砂浆的平均水泥用量以 300 kg/m³ 计，混凝土和砂浆总量应在 80 亿 m³ 左右，砂石骨料的年总消耗量应在 140 亿 t 以上。而目前的形势是，天然的砂石骨料供应日益枯竭，尤其是天然河砂更加稀缺，很难采到优质的中砂。特细砂、级配严重不合理的河砂也被用于混凝土的生产，给混凝土的生产带来不利影响。机制砂在越来越多的地区成为了细骨料的新选择。

对于大多数工程技术人员来说，对机制砂的性能是比较陌生的。与传统的河砂相比，机制砂表现为以下几方面的特点：

（1）多棱角不规则的粒形。

机制砂是经机械作用多次破碎而成的石质颗粒，放大后的粒形与碎石相似，针片状颗粒多。由于粒径较小，针片状颗粒难以识别。与经长期水力冲刷的河砂相比，机制砂颗粒之间的相互作用力大，砂浆或混凝土的工作性受到影响。相同配合比时用水量偏大。

（2）级配不合理。

颗粒分布不合理，大颗粒和细粉状颗粒偏多，中间大小的颗粒偏少。良好的级配要求细骨料在自然堆积或紧密堆积时，堆积密度大，空隙率小。大多数机制砂与优质河砂相比孔隙率较高，堆积密度偏小。

（3）细度模数偏大。

工程中，大多数的机制砂细度模数在 3.0 以上，而配制混凝土细度模数最好为 2.3～3.0。

（4）石粉含量偏高。

《建设用砂》（GB/T 14684—2011）规定，当机制砂亚甲蓝（MB）值不大于 1.4 或快速法试验合格时，石粉含量不大于 10%；石粉含量的最大限值为 5%，而实际的机制砂原砂的石粉含量一般为 10%～20%。大量的研究表明,随着机制砂中石粉含量的增大,混凝土的需水量明显增加,在不增大用水量时坍落度减小,为了维持混凝土的工作性需要用更多的减水剂来调整。机制砂用于混凝土,对尺寸稳定性也必然造成一定的影响,将在后续章节详细讨论。

（5）母岩质量差别大。

现行的机制砂标准只对砂本身的质量进行了要求,而对制备机制砂的母岩质量并无要求,甚至用严重风化的砂岩制成机制砂的可能性也无法排除。

1.3 外加剂

自从20世纪50年代初,引气剂在我国开始使用以来,外加剂的使用走过了近70年的发展历程。如今,外加剂成为混凝土必不可少的第五组分,在混凝土中加入不同类型和功能的外加剂是现代混凝土的一个重要特征。

1.3.1 减水剂

减水剂是用量最大、应用最普遍、技术发展和产品更新最快的外加剂,也正是减水剂的普遍使用,使得高强度甚至超高强度混凝土的生产成为可能,进而使泵送混凝土成为可能。因此,高效减水剂的正确合理应用对促进混凝土产业的发展和施工技术的发展起到了重要作用。

减水剂的减水机理已为人所共知,加入减水剂（尤其是高效减水剂）,之所以有较高的减水率,一方面是因为减水剂分子在水泥颗粒表面的吸附对水泥颗粒有强烈的分散作用,同时其还有削弱水泥吸附水的作用。而正是因为水泥颗粒对水的吸附作用减弱,加剧了拌合物在凝固之前泌水、离析等分层现象。分层现象导致水分上浮、上部水泥浆水灰比（水胶比）增大,造成混凝土的塑性收缩增大,而且因上部水分的损失造成干缩增大,混凝土变形不协调,增大了表面开裂的可能性。

不同的高效减水剂表现出不同的工程特性:萘系减水剂的减水率随其掺量的增大而增大,掺量大于正常掺量时,再继续增大掺量减水率的增大速率会逐渐减小,但没有明显拐点;氨基磺酸盐和聚羧酸系减水剂在正常掺量以内同样有减水率随掺量增大而增大的特点,但掺量与减水率关系存在明显拐点（即所谓的饱和点）,即当掺量低于饱和点时,其减水率随掺量的增大而明显增大,而当达饱和点后减水率将不再增大,而且拌合物也明显出现泌水、离析现象。

高效减水剂的饱和点并非一个定值,随着拌合物各组分的材料组成和配合比的变化而变化。例如,水泥的可溶碱含量、粉煤灰的烧失量增大时,饱和点增大;水灰比较小、用水量较大时饱和点减小。因此,外加剂的掺量随材料及配合比的变化根据试验来确定。工程中,因材料计量不准确、材料情况或配合比发生变化时,高效减水剂掺量往往接近或超过饱和点,容易出现泌水、离析现象。这种现象在浇筑柱、桩、墩等竖向构件时尤其明显且非常严重,具体减水剂对混凝土收缩的影响将在后续章节进一步讨论。

1.3.2　引气剂

引气剂(air entraining admixture)是最早用于混凝土以改善混凝土流变性以及抗冻耐久性的外加剂之一。

引气剂是指在混凝土搅拌过程中能引入大量均匀分布、稳定而封闭微小气泡的外加剂。

主要的引气剂品种有松香树脂类、烷基苯磺酸盐类、脂肪醇磺酸盐类、蛋白盐及石油磺酸盐等几类,其中以松香树脂类应用最为广泛。

混凝土中掺入引气剂后,能够改善混凝土拌和物的和易性,表现为提高混凝土拌和物的流动性,因而可提高混凝土拌和物的保水性,提高硬化混凝土的抗渗性和抗冻性,这也是加入引气剂最主要的目的,但加入引气剂后硬化混凝土强度下降。

引入气泡的较理想直径为 $10 \sim 100~\mu m$,而且要求所形成的气泡稳定,在运输及振动成型时不破裂、不上浮。目前市售的多数引气剂所存在的最大问题是形成的气泡直径偏大,大部分气泡的直径在 $100~\mu m$ 以上,甚至超过 $200~\mu m$。较大的气泡容易在运输及成型时上浮并破裂,使成型后真实混凝土的含气量小于新拌混凝土的含气量。随着对混凝土抗冻耐久性能的重视,对引气剂的需求量有日益增长的趋势,但引气剂的研发并不如减水剂的研发受人关注。

引气剂对混凝土尺寸稳定性方面的影响尚不确切,已有的试验结果对引气剂的加入导致收缩增大还是减小尚有争议。从毛细管压力理论出发,分析引入气孔对混凝土收缩的影响尚不能完全解释混凝土体积的变化。引气剂对混凝土收缩的具体影响将在后续章节进一步讨论。

1.3.3　缓凝剂

缓凝剂是指用于混凝土中可以延缓混凝土凝结硬化的外加剂,主要在气温较高的季节、大体积混凝土和其他需要延长混凝土凝结时间的工况下使用。

缓凝剂的作用机理主要通过缓凝剂分子吸附于水泥颗粒表面,延迟水泥熟料矿物的水化反应来实现的。

用于缓凝剂的化学物质主要包括羟基羧酸及其盐类、低聚糖类、无机盐类、木质素磺酸盐类等。缓凝剂的作用对象主要是 C_3A,通过延缓 C_3A 的水化从而延缓整个水泥的水化过程。对于羟基羧酸(盐)类,C_3A 吸附羧基羧酸分子,使其生成水化硫铝酸钙结晶的过程得到延迟,从而起到缓凝作用。对于无机盐类缓凝剂,溶于水时形成离子,离子吸附于水泥颗粒表面,生成低溶解度的磷酸盐薄层,包覆于水泥颗粒表面,延缓熟料矿物的水化和水化硫铝酸钙形成,从而起到延缓的作用。低聚糖类缓凝剂与羟基羧酸类缓凝剂作用机理相似。

缓凝剂对混凝土的作用一方面是对熟料矿物水化的延缓作用,从而使其凝结硬化速度减缓;另外,通过延缓水化过程,使水化热的释放速率减缓、放热峰值降低、温升减小,放热峰值出现的时间延长。缓凝剂对大体积混凝土及其他需要延长凝结硬化时间的混凝土有重要意义。

一般认为,缓凝剂的加入对维持混凝土的尺寸稳定是不利的,会不同程度地增加混凝土的收缩。

1.3.4　早强剂

早强剂是指促进混凝土早期强度发展的外加剂,从实际使用效果看,早强剂也有加速混凝土凝结的作用。

可以用作早强剂的化学物质通常有氯盐系、硫酸盐系以及有机胺系三大类。工程中常以盐类和有机胺类复合使用。氯离子的存在对钢筋的锈蚀具有加速作用,这一观点已得到业界的一致认同,尽管相关标准并未严格禁止氯盐外加剂的使用,但近年来对氯盐在工程中的应用变得异常慎重,甚至可以说是“谈氯色变”。

氯盐系和硫酸盐系早强剂的作用机理相近。氯盐类外加剂主要是通过 $CaCl_2$ 与水泥的水化产物 C_3AH_6 作用生成水化氯铝酸钙($3CaO \cdot Al_2O_3 \cdot 3CaCl_2 \cdot 32H_2O$、$3CaO \cdot Al_2O_3 \cdot CaCl_2 \cdot 10H_2O$)以及氧氯化钙晶体($CaCl_2 \cdot 3Ca(OH)_2 \cdot 12H_2O$、$CaCl_2 \cdot Ca(OH)_2 \cdot H_2O$)而实现的;硫酸盐类外加剂在水泥水化初期与水泥浆中的 $Ca(OH)_2$ 反应,生成高分散度高活性的 $CaSO_4 \cdot 2H_2O$,并进一步与水泥的水化产物 C_3AH_6 作用生成水化硫铝酸钙($3CaO \cdot Al_2O_3 \cdot 3CaSO_4 \cdot 32H_2O$、$3CaO \cdot Al_2O_3 \cdot CaSO_4 \cdot 12H_2O$),从而实现混凝土的早强。

对于有机胺类早强剂的作用机理，E. Gartner 等人研究认为三乙醇胺（TEA）可以与 Al^{3+} 和 Fe^{3+} 形成络合物，加快它们的迁移，有助于促进 C_3A 在水化早期特别是诱导期的水化，形成较多的钙矾石，从而提高水泥的早期强度。在水泥中加入粉煤灰作为混合材料时，可以加快粉煤灰中高铝玻璃相的解体与水化，从而提高掺量粉煤灰复合水泥的早期强度。

上述反应能够较大量地消耗水泥浆中的水分，使新拌混凝土快速稠化，表现为坍落度损失较快。上述反应的结果一方面增加了水化产物中晶体的物质的量，使混凝土获得早期的强度；另一方面，消耗了水泥浆中的 $Ca(OH)_2$，使其浓度降低，从而促进了 C_3S 的水化。

早强剂的使用促进了水泥的早期水化，由于对水的大量消耗加速了混凝土内部自干燥，对混凝土的尺寸稳定性不利，尤其是在水灰比（水胶比）较小的时候。

1.3.5　膨胀剂

膨胀剂是指加入混凝土后用于补偿收缩甚至使其产生一定体积膨胀的外加剂。由引起膨胀的物质的类型可以将膨胀剂分为硫铝酸钙型、氧化钙型、氧化镁型等。

不同类型膨胀剂的膨胀机理存在相近之处，都是在水化的过程中结合一定量的水，导致水化产物固相体积的膨胀。

需要特别说明的是，膨胀剂在无外界补充水分的前提下化学反应的结果都将导致体积的收缩，即化学收缩（化学减缩）。要使膨胀剂起到应有的膨胀作用，必须要在混凝土成型后使混凝土从组成体系之外获取额外的水分。在混凝土强度高、结构相对致密时，养护用水难以进入混凝土内部，膨胀剂所起到的膨胀作用就相当有限，甚至因膨胀剂的水化反应大量消耗拌合用水量，加剧混凝土内部的自干燥，导致混凝土收缩量增大，从而开裂更加严重。

1.3.6　减缩剂

减缩剂（shrinkage reducing admixture，SRA）顾名思义是加入砂浆或混凝土中用于减少收缩的外加剂。减缩剂于 1982 年由日产水泥公司和三洋化学工业公司首先研制成功。SRA 的化学组成一般是低聚醚或低聚醇类有机物及其衍生物。

减缩剂的减缩机理可以从以下几个方面得到解释。

（1）降低表面张力。

减缩剂通常为表面活性剂,降低混凝土毛细孔中液相的表面张力,使毛细孔内负压下降,从而减小混凝土的收缩应力。

以 Eclipse Floor 减缩剂为例,测试在蒸馏水和模拟孔溶液中表面张力随减缩剂的质量分数的变化,如图 1.3 所示。

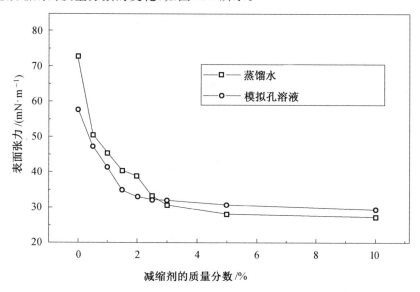

图 1.3　Eclipse Floor 减缩剂在不同溶液中表面张力随减缩剂的质量分数的变化曲线

不论是在蒸馏水中还是模拟孔溶液中,液体的表面张力都随减缩剂质量分数的增大而迅速减小。当减缩剂的质量分数超过 5% 时,溶液表面张力几乎不再随质量分数的增大而减小。这个结果与其他学者的研究结果基本一致。大多减缩剂都能够使溶液的表面张力降至 35 mN/m 以下。

（2）改变水分蒸发速率。

研究发现,减缩剂可以影响水溶液中水分的蒸发速率。当减缩剂质量分数较小时,减缩剂的加入使水泥砂浆水分蒸发速率小幅度增大;当减缩剂质量分数大于 6% 时,溶液的蒸发速率迅速降低,如图 1.4 所示。

在减缩剂的加入量不超过 5% 时,可以增大水泥基材料表面水分的蒸发速率这一现象也在其他研究中得到了证实,因此,当减缩剂加入量不大时,对减小水分蒸发是无益的。

虽然高掺入量的减缩剂可以降低水分的蒸发速率,有助于减缓混凝土中水分的损失,对降低早期的干缩速率是有利的,但从降低表面张力的角

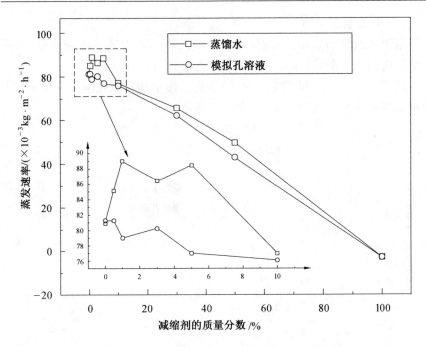

图 1.4　蒸发速率与减缩剂质量分数的关系

度,减缩剂的经济加入量不宜超过5%,与蒸发速率降低的减缩剂质量分数并不协调一致。

(3) 增大了水溶液的黏度。

研究认为,减缩剂的加入增大了溶液的黏度值,10%的减缩剂溶液的黏度较水的黏度增大了50%。黏度的增大对水泥基材料水分蒸发速率的降低是有利的。另外,黏度的增大有助于使水泥水化产物凝胶相的吸附水层增厚,对减小收缩有利。

作者认为,蒸发速率的大小与表面张力、黏度和减缩剂蒸气压三个因素有关。作为低聚有机物,纯的减缩剂蒸气压很低,与水相比蒸发速率极小是容易理解的;当质量分数较低(不大于5%)时,溶液的表面张力迅速减小,在较小的表面张力条件下水分子更容易逃逸到气相中,表现为蒸发量较大;随着质量分数的增加,溶液的蒸气压减小,同时伴随着溶液黏度的增大,水分子在砂浆或混凝土的孔隙中迁移更困难,总体表现为蒸发速率减小。随着砂浆或混凝土的失水或自干燥,孔溶液中减缩剂的质量分数升高,蒸气压进一步降低,黏度进一步增大,水分的损失变得不再容易,因此水泥基材料表现出早期失水快、后期失水慢的规律。

总体来说,加入减缩剂对提高水泥基材料的尺寸稳定性是有利的,但仍有亟待解决的问题,将在后续章节中讨论。

1.4 矿物掺合料

矿物掺合料是指为了改善生产过程中及硬化后混凝土的性能,在混凝土拌合时掺入的天然或人工的粉状矿物质材料。

矿物掺合料可分为活性矿物掺合料和非活性矿物掺合料。活性矿物掺合料本身不硬化或者硬化速度很慢,但能与水泥水化生成的 $Ca(OH)_2$ 起反应,能够生成具有胶凝能力的水化产物,如粉煤灰、粒化高炉矿渣粉、火山灰、硅灰等。非活性矿物掺合料基本不与水泥组分起反应,如石灰石粉等。

从在混凝土制备及硬化过程中所起的作用来看,同样的物质作为矿物掺合料和用于水泥生产的混合材料没有本质区别。

1.4.1 粉煤灰

粉煤灰是使用最广的矿物掺合料,在水泥生产中也作为混合材料使用。

由于粉体燃料在炉膛中呈悬浮状态燃烧,其中的不燃物部分融熔后在表面张力的作用下形成细小的球形颗粒。由于冷却速度快,大部分固相是以无定形的玻璃体(在粉煤灰中的质量分数为 $42.4\% \sim 72.8\%$)存在的,另外还有少量的莫来石、磁铁矿、赤铁矿、方解石等结晶相,及含量变化较大的未燃尽的碳。其中玻璃体是粉煤灰反应活性的来源,也是粉煤灰能够广泛用于水泥混凝土作为掺合料的前提。

粉煤灰的主要化学成分是 SiO_2 和 Al_2O_3,这部分处于玻璃态的氧化物具有与钙质材料发生化学反应的活性,通常称为活性氧化硅($A-SiO_2$)和活性氧化铝($A-Al_2O_3$),二者质量分数之和一般在 60% 以上。增钙粉煤灰是在煤粉中加入石灰石粉,人为增加粉煤灰中 CaO 含量的粉煤灰。

细度、需水量比、烧失量是粉煤灰最重要的三个技术指标,用于混凝土或砂浆时根据三个指标实测值的大小,把粉煤灰分为三个等级,即 Ⅰ 级、Ⅱ 级、Ⅲ 级。在混凝土中以一定的比例适量加入 Ⅰ 级粉煤灰,对新拌混凝土的流变特性、硬化混凝土的抗渗性能、强度等都有一定的改善作用。

就混凝土的尺寸稳定性而言,一般认为粉煤灰的加入对减小混凝土的收缩是有利的,但评判粉煤灰对混凝土收缩的影响离不开具体的条件,不同的粉煤灰的等级、掺入量对混凝土性能的影响大相径庭。

1.4.2　粒化高炉矿渣粉

粒化高炉矿渣粉简称为矿渣粉,是在炼铁过程中产生的工业废渣经水淬粒化后得到的粒状物再经磨细后得到的粉矿物料。根据 28 d 的活性指数,粒化高炉矿渣粉分为三个等级,即 S105、S95、S75 级。所谓活性指数是指以满足标准要求的水泥(标准水泥)和矿渣粉按 1∶1(质量比)的比例组成混合胶结料,以标准的试验方法测得的胶砂试件的强度与纯标准水泥胶砂强度之比,比表面积越大,相应的活性指数越大。矿渣粉的质量要求见表 1.2。

表 1.2　矿渣粉的质量要求

项　　目		级　　别		
		S105	S95	S75
密度 /(g·cm⁻³)	⩾	2.8		
比表面积 /(m²·kg⁻¹)	⩾	500	400	300
活性指数 /% ⩾	7 d	95	75	55
	28 d	105	95	75
流动度比 /%	⩾	95		
含水量 /%	⩽	1.0		
w_{SO_3} /%	⩽	4.0		
w_{Cl^-} /%	⩽	0.06		
烧失量 /%	⩽	3.0		
$w_{玻璃体}$ /%	⩾	85		
放射性		合格		

为了充分发挥矿渣的活性,实践中常采取对矿渣进行超细磨的办法。超细磨后的矿渣粉比表面积应在 350 m²/kg 以上,即矿渣微粉。超细磨后的矿渣粉的比表面积可达到 800 m²/kg,甚至 1 000 m²/kg 以上,大大提高了矿渣的活性,在高强度混凝土、耐腐蚀混凝土中可用于替代低品质的硅灰。

矿渣粉颗粒对水的吸附能力较弱,往往造成混凝土的泌水或失水较快,加入后对混凝土的尺寸稳定性有一定影响,一般认为加入矿渣粉后的混凝土收缩会有不同程度的增大。

1.4.3 火山灰

火山灰是指由火山喷发时所喷出的细小的矿物质粒子。由于冷却速度快,析晶程度极低,呈无定形的玻璃态,因此具有火山灰活性,即在常温和有水的情况下可与 $Ca(OH)_2$ 反应生成具有水硬性胶凝能力的水化物,因此磨细后可用作水泥的混合材料或混凝土的掺合料。

我国火山较少,火山灰储量不大,不作为混凝土掺合料的主要品种。

1.4.4 硅灰

硅灰又称为硅粉或微硅粉,是工业电炉在高温熔炼工业硅及硅铁的过程中,SiO_2 在 2 000 ℃ 的高温下被还原成 Si 或 SiO 气体,在冷却过程中又被氧化成 SiO_2 的极微细颗粒,在随废气逸出的烟尘中用特殊的收集装置收集处理而成。其 SiO_2 的含量往往在 90% 以上,SiO_2 属于非晶态。

硅灰的颗粒平均粒径为 $0.1 \sim 0.3\ \mu m$,小于 $1\ \mu m$ 的颗粒占 80% 以上,比表面积在 20 000 m^2/kg 以上,因此具有极高的反应活性。反应速度快,反应程度高,对混凝土早期强度及最终强度都有明显的增强作用。

建材市场存在另一种硅质掺合料 —— 硅微粉,其是由天然石英(SiO_2)或熔融石英(天然石英经高温熔融、冷却后的非晶态 SiO_2)经破碎、磨细、浮选、酸洗提纯、高纯水处理等多道工艺加工而成的微粉。颗粒平均粒径大于 $1\ \mu m$,材料活性与硅灰活性相比也存在差别,硅微粉与传统意义上的硅灰是两种不同性质的材料。

硅灰对混凝土的尺寸稳定性有较大影响。一般认为加入硅灰后混凝土的收缩都有增大的趋势,在使用中应采取必要的措施以防混凝土开裂。

1.4.5 石灰石粉

石灰石粉是指以 $CaCO_3$ 为主要矿物的天然石材经充分磨细后所形成的粉状材料。石灰石粉在传统意义上一直作为惰性混合材料,用于水泥时只能调节水泥的强度等级,加入水泥总量 10% ~ 25% 的石灰石粉所形成的水泥称为石灰石水泥(《石灰石硅酸盐水泥》,JC/T 600—2010),而用于混凝土的掺合料并未受到过多的关注。但近年来,以石灰石作为掺合料的研究悄然兴起,国家标准《石灰石粉混凝土》(GB/T 30190—2013)和行业标准《石灰石粉在混凝土中应用技术规程》(JGJ/T 318—2014)陆续发布实施。

石灰石粉对新拌混凝土性能的影响研究表明,石灰石粉加入混凝土后,混凝土坍落度有所增加、坍落度经时损失随之减小,混凝土的泵送性能有所改善。但石灰石粉对力学性能、耐久性能、尺寸稳定性能的研究结果并不一致,甚至结论完全相反,有待进一步研究。

1.5 纤 维

混凝土属于典型的脆性材料,在力学性能指标方面表现为抗拉强度低、韧性差;在尺寸稳定性方面,混凝土的非荷载变形主要表现为收缩,当收缩受到内外约束时易于产生开裂。为了解决以上矛盾,在混凝土中掺入纤维无疑是很好的解决办法。

根据纤维弹性模量的大小,可将纤维分为低弹性模量纤维和高弹性模量纤维。低弹性模量纤维主要是有机纤维,包括尼龙纤维、聚丙烯纤维、聚乙烯纤维、纤维素纤维等,用于混凝土时主要提高混凝土的韧性、抗冲击性能、抗热爆性能等与韧性有关的物理性能和早期的抗裂性能。而高弹性模量纤维主要包括钢纤维、碳纤维等,不仅能提高上述性能,还能使混凝土的抗压/抗拉强度和弹性模量有较大的提高。玄武岩纤维是一种天然矿石纤维。玄武岩纤维是由天然玄武岩矿石经 1 450 ~ 1 500 ℃ 高温熔融后,通过铂铑合金拉丝漏板制成,具有较高的弹性模量(90 MPa ~ 110 GPa)和断裂强度(3 500 ~ 3 800 MPa)、耐高温、耐腐蚀的特点。作为无机纤维,与水泥基材料具有很好的相容性,黏结强度高。与有机纤维、玻璃纤维相比,玄武岩纤维在力学强度方面具备明显的优势;与碳纤维相比,虽然玄武岩纤维抗拉强度和弹性模量较低,但其价格优势明显,成为用于混凝土增强、抗裂纤维中的新宠。

在混凝土的尺寸稳定性方面,一般来说混凝土收缩(或膨胀)的机理与是否掺入纤维并无多大关系,纤维是为了混凝土的抗裂而存在的。当混凝土的收缩受到来自外界或内部结构的约束而产生拉应力具有开裂趋势时,纤维的弹性模量远大于混凝土硬化初期的弹性模量,拉应力主要由纤维来承担,从而减小水泥浆基体所承受的拉应力,减少或避免开裂的发生。

1.6 现代混凝土的配合比特征

与传统的混凝土相比,现代混凝土有了很大的变化,尤其是矿物掺合料和各类外加剂的广泛使用,使混凝土的技术进入了快速发展阶段。现代混凝土表现为如下时代特征。

1. 混凝土组成材料的变化

水泥、砂、石、水是传统混凝土的四种组成材料。而现代混凝土除了上述四种原料外,还通常加入一种或多种矿物掺合料和多种化学外加剂,其组分可多至近十种甚至十种以上。某些组分虽然掺入量极少,却对混凝土的性能产生重要影响。

高效减水剂的普遍使用可以在不增大水泥用量、不改变水泥工作性的前提下大幅度降低水胶比,提高混凝土的强度;在不增大用水量、不改变强度的前提下大幅度提高流动性。为了实现早强、缓凝、膨胀、减缩、提高耐久性等目的分别可以加入不同类型的外加剂,或多种外加剂混合使用,使外加剂的合理使用成为了现代混凝土技术的核心。

各种活性或非活性矿物掺合料的广泛使用是现代混凝土组成材料的另一个重要特征,所谓的胶结料已不仅仅是水泥。当需要提高混凝土的早期和后期强度时,可以加入高活性超细掺合料,如硅灰、超细磨矿渣粉;当需要节约水泥、改善混凝土施工性能时,可加入优质粉煤灰、高活性矿渣粉等,使混凝土强度不明显降低,甚至有所提高;当混凝土工作性能要求较高、强度要求较低时,可以加入粉煤灰、矿渣粉甚至石灰石粉、其他石粉、尾矿粉等。矿物掺合料的应用研究是长期的热点课题。

2. 混凝土生产和施工方式的变化

在混凝土商品化的时代背景下,预拌混凝土是混凝土生产的主流方式。混凝土的浇筑施工也主要以泵送为主。为满足生产、运输、浇筑施工的需要,混凝土的出厂坍落度普遍在 200 mm 左右。在大流动性混凝土的生产过程中,高效减水剂和矿物掺合料成为不可或缺的组成部分。

3. 混凝土配合比设计思路的变化

1918 年,美国的 D. Abrams 提出著名的水灰比定则,认为混凝土的强度在一定范围内与其水胶比成线性关系,这使混凝土的配合比设计有了科学根据,形成了基于强度的混凝土设计思路。在之后相当长的一段时间内,强度一直是混凝土配合比设计的主要指标。在现代混凝土工程中,对耐久性的要求日益提高,保证混凝土结构耐久性成为混凝土配合比设计时所要遵循的重要原则。

由于设计思路的变化,使用通用的硅酸盐水泥可以设计从 C10 到 C100 甚至更高强度等级的混凝土,混凝土强度等级对水泥强度等级的依赖性大为降低。混凝土强度和水泥强度之间不再有线性关系。虽然 Abrams 水灰比定则仍然有效,但是现代混凝土配合比设计时,混凝土的配制强度已不仅仅用水泥强度和水灰比来确定。用了近一个世纪的保罗米(Bolomy)公式不再是计算混凝土配合比的法宝。虽然保罗米公式仍有其指导意义，但其应用的范围需要扩展，适应新时代混凝土设计的需要。

在配合比设计时，需要同时考虑强度、工作性、耐久性，这些性能都与浆骨比有关。在传统混凝土理论中，浆骨比只与混凝土的流动性有关，浆骨比并不会对混凝土的强度和耐久性产生影响。

4. 混凝土尺寸稳定性问题依然突出

随着混凝土高性能化的深入研究，若干年前突出的技术问题都得到了很好的解决，如高效减水剂和高活性超细矿物掺合料的使用使高强混凝土的制备得以实现，C100 以上的超高强混凝土的制备也不再困难，高流态混凝土也变得很容易实现，超高泵送施工的案例不胜枚举。为了实现混凝土的高耐久性，通过合理使用外加剂和矿物掺合料，混凝土的抗冻等级可以达到 F500 甚至以上。但混凝土尺寸稳定性问题却日益突出，甚至工程技术人员无奈地接受了"混凝土都要开裂"的现实。

混凝土尺寸稳定性问题是在水泥生产技术和混凝土制备技术日益进步的时代背景下产生的，各种高性能外加剂和矿物掺合料的使用无疑是必要的，对促进混凝土技术的发展起到了至关重要的作用，但带来的问题也是复杂和严峻的。如何解决现代混凝土的尺寸稳定性问题将是今后很长一段时间内的重要课题。

第2章　混凝土尺寸稳定性原理

混凝土的尺寸稳定性是指无外力作用时,在物理因素、化学因素或二者共同作用下混凝土的尺寸变化情况。尺寸稳定性不仅指混凝土体积的收缩,也包括体积的膨胀,但混凝土的收缩更受人关注。体积的收缩或膨胀变形在受到自身或相邻结构约束时混凝土容易产生开裂,影响工程质量甚至造成工程事故。随着国内外混凝土的高性能化,混凝土的非受力变形出现了很多新情况,成为近些年的研究热点。变形性能包括受力和非受力两种情况,本书只讨论混凝土非受力变形性能(即混凝土的尺寸稳定性)。

2.1　塑性收缩

2.1.1　塑性收缩现象

在混凝土浇筑完成后,随着表面水分的蒸发、水分被模板或其他与混凝土接触的部位所吸收,混凝土即开始发生收缩,此时混凝土尚处于塑性阶段,此类收缩称为塑性收缩。垂直方向发生的塑性收缩又称为塑性沉降。塑性沉降是塑性收缩的主要形式。发生在垂直方向上的塑性收缩容易引发混凝土沿上部钢筋的比较有规律的表面开裂,如图2.1所示。

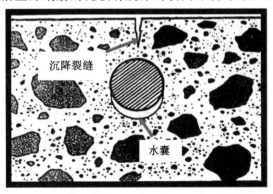

沉降裂缝

水囊

图 2.1　塑性沉降

塑性收缩裂缝常发生于混凝土浇筑后 1 ~ 3 h,分布在沿梁上部、楼板与柱交接处及楼板表层水平钢筋位置。由于此时混凝土尚未硬化,混凝土尚处于塑性状态,成型后 3 ～ 4 h 通过二次抹面,并做好终期饰面处理,此类裂缝是可以避免的。

在某些特殊情况下,如大风、高温气候条件,混凝土泌水速率小于水分的蒸发速率,若养护不及时,混凝土过早地失水可能导致混凝土的开裂。由于此时混凝土总体处于塑性阶段,常把这类收缩也并入塑性收缩,但其机理与通常的塑性收缩有所不同。该类裂纹表现为不规则的细小裂纹,如图 2.2 所示。

这类裂纹深度一般为 5 ～ 20 mm,一般情况下对结构安全和承载能力影响不大。

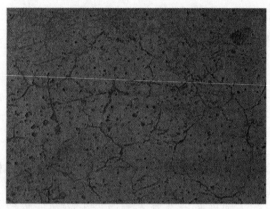

图 2.2 新浇筑混凝土的塑性收缩裂缝

2.1.2 塑性收缩机理

塑性收缩的主要原因是混凝土浇筑密实后,由于混凝土原材料存在的密度、质量、形状等差异,在重力作用下必然要出现粗大的集料下沉和密度较小的水的上浮,即沉降和泌水同时进行。对于水胶比较大,尤其是大流动性的混凝土,由于混凝土的保水性不良,水分上浮的现象更为明显。上表面的水分蒸发后,混凝土本体的体积比未发生沉降和泌水前的体积有所减小。

混凝土的泌水与水分的蒸发都是动态的。在混凝土浇筑完成初期,泌水速率大于水分蒸发速率,表现为在混凝土表面形成水膜,甚至积水。此塑性收缩一般不会造成不良影响。随着时间的推移,泌水速率渐渐降低,泌水量减少,达到泌水与蒸发的动态平衡,此时表面水不再增多。混凝土的泌水过程在浇筑数小时后停止,混凝土表面水继续蒸发直至表面水消失。

混凝土失去表面水分导致混凝土组成体系中物质的量的减少,从而导致混凝土总体上体积的收缩是容易理解的。但即使是混凝土成型后立即进行密封处理,无水分损失的情况下仍有体积的收缩,此类收缩的机理是化学收缩(化学减缩),是由水泥的水化反应导致的体系总体积的收缩。

由于此时混凝土内部的空隙都是充盈的,尚未出现弯曲液面,因此塑性收缩与弯曲液面无关。

不排除另一种情况,由于混凝土养护不及时,表面失水过快,在混凝土结构形成之前尚处于塑性状态时,表面失水严重,出现局部干燥现象,使表面出现较大的收缩。此时混凝土抵抗拉应力的能力极低,极易使混凝土表面因受拉而产生细小但大量的裂纹,这一收缩现象与干缩(即干燥收缩)类似。

2.2　温度变形

混凝土的温度变形是指在常温条件下,混凝土在温度升高时体积膨胀而在温度降低时体积收缩的现象。一般所指的温度变形不包括因受冻使混凝土内部水分结冰而表现出的随温度降低出现的体积膨胀。

2.2.1　温度变形现象

混凝土的温度变形反映在混凝土的两个不同阶段。对于成熟混凝土,混凝土的温度变形常导致混凝土构件整个体积的变化,这类温度变形可以通过在结构上设置伸缩缝等构造加以解决,在设计合理的情况下,不会对结构造成不良影响。

另一类温度变形是混凝土硬化过程中的温度变形。在混凝土硬化阶段,一方面由于混凝土内部结构尚未形成,混凝土强度较低,承受拉力的能力较弱;另一方面,此阶段正处于水泥水化反应比较剧烈的阶段,水化热的释放量比较集中,由此导致混凝土温度发生较大的变化,即温度的升高。混凝土的温升曲线示意图如图 2.3 所示。

对于大体积混凝土或体积较大、水泥用量较大的高强度混凝土,水泥水化热在早期形成的混凝土的温升效应更加明显。在没有缓凝剂的条件下,通常在开始浇筑后的 12 h 左右出现温度峰值,混凝土的温升往往可达 30 ℃ 以上,某些情况下温升可以达到 50 ℃ 甚至更高。随着龄期的延长,水泥的水化速率逐渐减慢,放热速率减小。当水化放热的速率低于与外界环境热交换中热量的散失速率时,混凝土温度下降,直至与环境温度达到平衡。

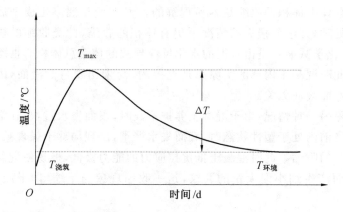

图 2.3 混凝土的温升曲线示意图

混凝土的热膨胀系数并非常量。在成型之初混凝土处于塑性状态时,热膨胀系数随着混凝土的硬化进程快速变小;混凝土终凝后 $8 \sim 12$ h,热膨胀系数基本趋于稳定,最终稳定在 $10 \times 10^{-6}/℃$ 左右。不同配合比的混凝土的热膨胀系数所表现出来的规律差别不大,如图 2.4 所示。

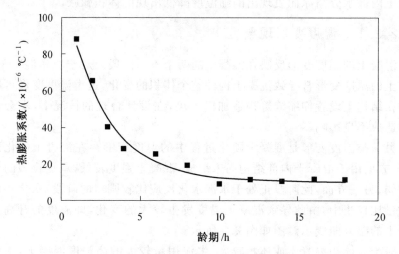

图 2.4 混凝土早龄期的热膨胀系数

在混凝土处于塑性阶段的前数小时内,由于混凝土的热膨胀系数较大,如果因外部条件或混凝土因水泥水化导致的温升较大,将导致该阶段的混凝土产生较大的温度变形。此时的温度变形常导致混凝土表面产生塑性开裂。这类开裂在工程中可以通过二次抹压的方法加以弥补,从而避免早期开裂的产生。

硬化期混凝土降温阶段的温度变化表现为混凝土因温度降低而产生的收缩。由于混凝土温度的降低主要是通过混凝土表面的散热实现的,在降温阶段混凝土表面温度降低的速率往往高于混凝土内部降温的速率。当气温较低(表面与环境温差大于 20 ℃)或降温速率过快,混凝土内外温差大于 25 ℃ 时,往往因混凝土温度变形的不协调导致混凝土表面开裂。

2.2.2 温度变形机理

对于一般无机非金属材料而言,都符合热胀冷缩的规律。当物体温度升高时,分子的动能增加,分子的平均自由程增加,所以表现为热胀;同理,当物体温度降低时,分子的动能减小,分子的平均自由程减少,所以表现为冷缩。水在 4 ℃ 以上时也表现为热胀冷缩。因此,混凝土材料在常温时总体上表现为热胀冷缩现象。

在混凝土的凝结硬化初期,水泥石的结构尚未形成,混凝土中的气相部分近似等压膨胀,且其随温度升高的膨胀量要远大于固相的膨胀量,所以气体的膨胀对整个体积的膨胀影响较大。另一方面,混凝土早期内部的水处于游离状态,水在受热时也产生相应的体积膨胀。水的膨胀系数约为 $210 \times 10^{-6}/℃$,也高于固相材料,所以在混凝土凝结硬化初期,温度上升导致较大的体积膨胀。

随着水泥石结构的形成,气相的膨胀受到结构的限制,游离水的量逐渐减少,膨胀系数趋于稳定,混凝土所表现出来的膨胀系数才是固相真正的膨胀系数。在大体积混凝土降温阶段,混凝土的膨胀系数已经基本稳定。

对于成熟的混凝土,在温度升高时,液相的膨胀量仍然大于固相的膨胀量,凝胶水的膨胀导致凝胶体膨胀并使一部分凝胶水迁移到毛细孔中;另一方面,毛细孔中水的表面张力随温度上升而减小,加之毛细孔水本身受热膨胀和凝胶水的迁入,使毛细水的体积增加,水面上升,弯曲液面的曲率变小,使毛细孔内收缩压力减小,水泥石膨胀。混凝土骨料随温度的升高也发生相应的膨胀,综合表现为混凝土的热膨胀。

完全干燥状态的混凝土表现为简单的热胀冷缩。随着湿度的增大,凝胶水、毛细孔压力所起的作用逐步显现,热膨胀系数逐渐增大。完全吸水饱和的混凝土毛细孔压力作用消失,热膨胀系数的值反而有所降低。在混凝土水饱和度为 $70\% \sim 75\%$ 时,热膨胀系数达到最大值(见表 2.1)。

表 2.1　不同湿度条件下混凝土的热膨胀系数　　℃⁻¹

编号	湿度 /%			
	0	40	75	90
1	7.92	8.53	9.71	9.46
2	7.86	8.46	9.97	9.06
3	7.75	8.64	9.78	9.27
4	8.14	8.48	9.61	9.08

另外,混凝土的热膨胀系数与混凝土自身的配合比要素之间存在一定关系。研究表明,随着单位用水量的增大,不同水胶比的混凝土的热膨胀系数均表现出增大的趋势,如图 2.5 所示。这与水的热膨胀系数远大于固相的热膨胀系数这一事实是相符的。

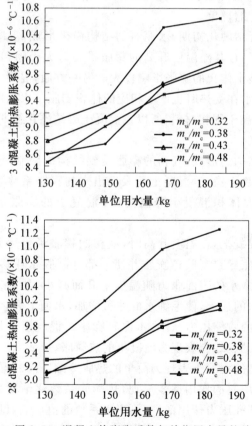

图 2.5　混凝土热膨胀系数与单位用水量的关系

　　当用水量一定时,热膨胀系数随着水灰比的增加而减小。此时水灰比增大实质上是水泥用量的减少,即水泥石体积减小,由于水泥浆的热膨胀系数高于骨料的热膨胀系数,在混凝土的热膨胀系数中居于主导地位,因此水泥浆量的减小使混凝土热膨胀系数呈减小的趋势,如图 2.6 所示。混凝土的热膨胀系数随水泥浆量的增大而增大是显而易见的。

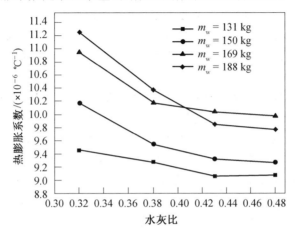

图 2.6　水灰比与混凝土热膨胀系数的关系

2.3　自收缩

　　自收缩是指混凝土在无温度变化,与外界无物质交换的条件下,混凝土所发生的宏观体积的收缩。通常条件下,混凝土所表现出的收缩是各种因素导致的收缩的总和,自收缩只是混凝土总体收缩的一部分。自收缩是进入 20 世纪 90 年代以后混凝土尺寸稳定性研究的热点之一。

2.3.1　自收缩现象

　　人类对混凝土自收缩的认识可以追溯到 1900 年。当时水泥混凝土科学的先驱 Le Chatelier 首次对水泥浆材料的收缩性能进行了研究,并在他的论著中对自收缩进行了描述,并且指出:"水泥浆在密封条件下绝对体积收缩与表观体积收缩是不相等的,把二者加以区分是十分必要的",首先意识到了这一收缩现象的存在。密封条件下绝对体积的收缩即化学收缩;对于表观体积的收缩,英文文献中将其称为 Le Chatelier 收缩,也就是因自干燥效应导致的宏观体积的收缩 self-desiccation-induced shrinkage),即当今学术界所定义的自收缩。

1927 年,Jesser 通过测量水泥砂浆内部的相对湿度发现,水灰比为 0.24～0.36 的水泥砂浆经过 1 个月的水化后,内部的相对湿度可以下降到 90%。1928 年,Neville 和 Jones 通过测量水泥浆试件的尺寸变化来评价水泥的水化,并且设计了测量试件尺寸变化的仪器设备。在试验的过程中保持试件密封,并保持试件温度恒定。Lynam 或许是第一个把这一类型的尺寸变化现象定义为自收缩(autogenous shrinkage)的人,1934 年,他在论述中指出:"自收缩不是因为温度变化而产生的,也不是因为水分的蒸发而导致的"。

1940 年,Davis 发表了他在自收缩研究方面的研究成果。他指出,龄期为 5 年的混凝土的自收缩应变量为 50～100 $\mu m/m$。

随着水泥化学研究的不断深入,水泥的矿物组成、水化机理逐渐清晰,使水泥的水化过程中自干燥程度的定量分析和计算成为可能。Copeland、Bragg 及 Powers 先后对水泥浆的自干燥过程进行了计算分析,认为在水灰比足够大时,自干燥作用是不会发生的。对于纯水泥浆,在封闭条件下只有水灰比小于 0.40 时,自干燥作用才会发生。

在当时的条件下,大部分的混凝土水灰比较大,混凝土的早期变形主要表现为温度变形和干缩变形。与温度变形和干缩变形相比,自收缩的量相对较小。因此,长期以来无论是在工程中还是在实验室研究方面,自收缩都一直没有得到人们的重视。

从 20 世纪 90 年代开始,随着高强混凝土的广泛应用,混凝土的自收缩现象越来越引起人们的关注。1998 年,日本学术界对混凝土的自收缩形成了统一的定义,即"自收缩是在混凝土初凝后产生的,是由水泥石的自干燥作用引起的混凝土的宏观体积收缩。自收缩不包括混凝土与环境发生物质交换、温度变化、外部作用力及外来约束导致的体积变化"。

在工程实践中,发现高强混凝土、自密实混凝土和大体积混凝土的自收缩现象是非常显著的,即使混凝土在恒温水养的条件下仍然有收缩产生,这些现象通过干缩或温度变形无法得到解释,只能通过自收缩来解释。

2.3.2　自收缩机理

自收缩排除了温度变化的影响,排除了因水分损失导致的混凝土尺寸变化,也没有外力和外部约束。那么,引起混凝土体积变化的唯一机理便是化学反应。

化学反应导致的两个结果与自收缩紧密相关。一个是化学收缩,化学收缩是指水泥的水化反应生成物的绝对体积之和小于反应物(水和未水化水泥)的绝对体积之和的现象。化学收缩可能成为自收缩的一部分,如图2.7所示。

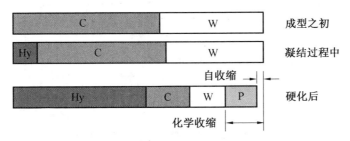

图 2.7　混凝土的自收缩与化学收缩

Hy— 水化产物;C— 未水化水泥颗粒;W— 水;P— 孔隙

化学反应导致的化学收缩可能表现为内部的孔隙,也可能表现为宏观体积的减小。

化学反应导致的第二个结果便是内部相对湿度的减小,即自干燥。

化学收缩是水泥水化反应的必然结果,是否表现为自收缩,或者自收缩量值的大小与自干燥程度有关。

自干燥收缩的机理可以用毛细管压力理论解释,详见下文。

根据 Powers 等人的研究结果,当水灰比大于 0.45 时,并没有自收缩的产生,化学收缩全部表现为内部的孔隙。而只有当水灰比小于 0.40 时,才有部分的化学收缩表现为自收缩。自收缩的大小与水灰比有关,水灰比越小,所表现出的自收缩的量值越大。这与水灰比越小,因化学反应导致的内部的自干燥效应越明显,内部相对湿度越低导致的自收缩越明显是一致的。

不同水灰比的混凝土内部相对湿度的变化随龄期的发展规律如图2.8所示。

从研究结果来看,水灰比越低,水泥水化使混凝土内部相对湿度的降低越明显,也就是自干燥越明显。但多个文献显示,自干燥效应不至于使混凝土内部的相对湿度降低至 75％ 以下,如图 2.9 所示,图中 SF 代表硅灰。

上述结论与 Powers 早期的试验结果是相吻合的。把水泥放置在特定湿度的环境中 6 个月后,研究结合水的量与环境相对湿度的关系,如图 2.10 所示。从图 2.10 可以看出,水泥在相对湿度为 100％ 时结合水与水

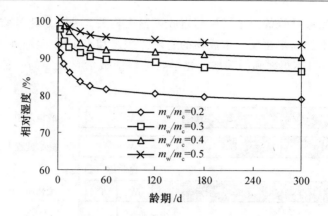

图 2.8 不同水灰比的水泥浆中相对湿度的变化

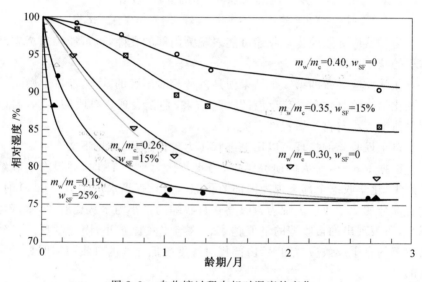

图 2.9 自收缩过程中相对湿度的变化

泥的质量比达到了 0.40，而相对湿度小于 75% 时，结合水的量却非常少。这一结论也印证了在相对湿度降低至接近 75% 时水泥的水化反应基本停止、相对湿度不再继续降低这一事实。

除水灰比之外，水泥浆的自干燥与水泥的细度、矿物组成、活性掺合料的掺入量有关，归根结底是在相同水灰比条件下，反应速度越快，内部相对湿度降低越快，自收缩的发展也越快；消耗水量越大，内部相对湿度降低幅度越大，自收缩的量也就越大。水泥中加入硅灰等量取代水泥后，相对湿度发生变化，如图 2.11 所示。

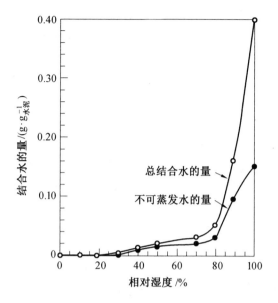

图 2.10　在不同湿度环境下水泥经 6 个月后结合水的量

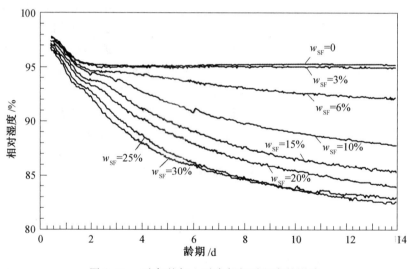

图 2.11　硅灰的加入对内部相对湿度的影响

　　硅灰的加入加剧了混凝土内部自干燥的进程和幅度。水灰比越小,相应的水泥浆或混凝土的收缩值越大,这一结论得到了众多学者反复的证实,如图 2.12 所示。

　　总之,自干燥现象的结果是使毛细孔中的水由饱和状态变为不饱和状

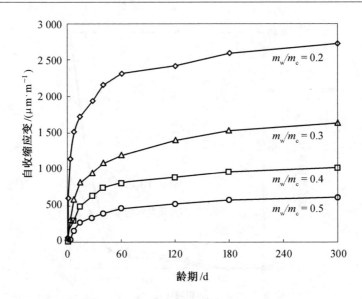

图 2.12　不同水灰比条件下水泥浆的自收缩

态,于是在毛细孔中液相产生弯曲液面,使硬化水泥石受负压的作用而产生收缩。自收缩作用机理类似于干缩机理,都是靠毛细孔应力来说明问题的,但自收缩与干缩在相对湿度降低的机理上不同。造成干缩的原因是由于水分扩散到外部环境中,因此可以通过浆体密实化或者阻止水分向外扩散的方法来降低干缩,而自收缩是由于内部水分被水化反应所消耗而形成的,因此通过阻止水分扩散到外部环境中来降低自收缩的方法并不见效。然而在一点上它们是相同的,它们都造成了硬化水泥浆体内部相对湿度的降低,因此用于说明干缩的一些机理同样适用于说明自收缩。

2.4　干缩和湿胀

干缩和湿胀是两个互逆的过程。通常意义上的干缩是指硬化后水泥浆或混凝土在相对湿度小于 100% 的环境中,因系统失水导致的体积变化。混凝土的干缩可以发生在任何时期,早期的干缩往往引起混凝土开裂的产生,被认为是混凝土早期开裂的主要原因。混凝土的干缩与其他类型的干缩往往是相伴而生的,在总的收缩中干缩所占比例与水灰比、气候条件、养护条件等因素有关。

2.4.1　干缩和湿胀现象

混凝土在干燥的空气中因失水引起收缩的现象称为干燥收缩(简称干缩);混凝土在潮湿的空气中或浸泡于水中因吸水引起体积增加的现象称为湿胀。

混凝土的干缩和湿胀是由于混凝土失水或吸水而产生的,因此干缩和湿胀的过程均伴随着混凝土质量的变化,但混凝土水分得失的体积与混凝土体积的变化并不相等。在硬化水泥浆体中,其孔隙结构大体可以分为气孔、毛细孔和 C−S−H 凝胶孔。直径大于 50 nm(0.05 μm) 的毛细孔及更大的气孔中的水可以被认为是自由水,失去自由水不会导致水泥浆体体积的变化。当环境湿度进一步降低(>40%),水泥浆体开始失去较小毛细孔中的水,随着 5 ~ 50 nm 毛细孔中的水失去,毛细孔中的水形成弯曲液面产生对水泥浆体的附加压力,导致整个体系体积的收缩。

吸附水是指水泥石中固相颗粒周围通过吸附力吸附于固体表面的水。这部分水通过氢键物理作用吸附于水泥石中的固相表面,厚度大约为 6 个水分子的厚度(1.5 nm),其吸附力随着与固相距离的增大而渐弱。当环境相对湿度降低到 30% 时,大部分的物理吸附水将会失去,导致较大的干缩。

层间水是指吸附于凝胶内部的水,一般认为,一层水分子通过氢键被凝胶牢固吸附,在环境湿度低到 11% 以下时,多余的层间水也将失去,C−S−H 凝胶发生较大的收缩,从而使整个体系发生明显的收缩。随着可蒸发水损失殆尽,干缩应变也将不再发生变化。

水养护后的水泥石在相对湿度为 50% 的空气中干燥,其收缩应变值为 2 000 ~ 3 000 μm/m, 完全干燥时的收缩应变值为 5 000 ~ 6 000 μm/m,甚至超过10 000 μm/m。混凝土中,由于水泥石量仅占较少的一部分,加上集料的限制作用,干缩值要小得多。水养护后的混凝土完全干燥时的收缩应变值为600 ~ 900 μm/m。

典型混凝土的干缩曲线如图 2.13 所示,其干燥变形曲线和徐变的产生与恢复曲线相似。

在干燥过程的某一时刻,当混凝土重新湿润(浸水或置于相对湿度较高的环境中),混凝土会发生一定程度的体积膨胀,即湿胀。但体积膨胀不能完全补偿失水过程中所发生的收缩。在原始收缩的基础上可恢复部分称为可恢复性干缩或可逆收缩(reversible drying shrinkage),其余部分称为不可恢复干缩或不可逆干缩(irreversible drying shrinkage)。

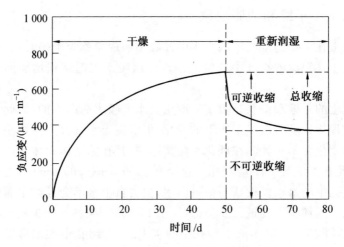

图 2.13　典型混凝土的干缩曲线

研究发现,水泥石(混凝土)的全部(最大)收缩只有在准静态干燥条件下才会出现。准静态干燥条件是指试件内部与表面之间的湿度差为无限小的状态。此时收缩变形完全与水泥石(混凝土)的温度变化相适应,沿整个体积均匀地发生。

混凝土湿胀的同时也引起混凝土质量的增加(约为 1%),可见质量的增加比体积的增加大得多。原因是相当一部分的水占据了水泥水化浆体中的孔隙体积,这一现象在混凝土干燥过程中也有所表现,即干缩的体积要小于所失水的体积。

2.4.2　干缩和湿胀机理

干缩和湿胀是两个相反的过程,但如果在一定外界条件下反复进行干燥和吸湿,两者会逐渐接近于可逆的状态,即平衡态。混凝土的干缩与湿胀主要取决于水泥石的干缩与湿胀,与骨料的性能(尤其是弹性模量)也有关系,此外与过渡区也有密切的关系。理论上,硬化期混凝土和成熟混凝土都存在干缩和湿胀的现象,但谈及混凝土的干缩机理时,更主要的是指混凝土在硬化期的干缩。下面主要讨论水泥石的干缩与湿胀机理。

有代表性的干缩和湿胀机理有如下几种。

1. 毛细孔压力理论

当混凝土逐渐失去塑性,结构初步形成后,在水分的损失和水泥水化的双重作用下,混凝土内部的毛细孔变得不再充盈时,孔隙水出现弯曲液面,如图 2.14 所示。

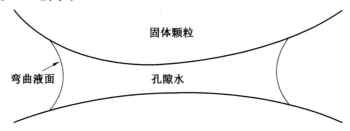

图 2.14　孔隙弯曲液面模型

弯曲液面的曲率半径与相对湿度的关系遵循 Kelvin 公式:

$$RT\ln(\text{RH}) = \frac{M\gamma}{\rho}\left(\frac{1}{r_1} + \frac{1}{r_2}\right)$$

式中　　RH——毛细孔内的相对湿度;

　　　　M——流体的摩尔质量,g/mol;

　　　　ρ——液体的密度,g/cm³;

　　　　γ——液体的表面张力,dyn/cm;

　　　　r_1,r_2——Kelvin 半径,当弯曲液面呈球面时,$r_1 = r_2$。

假设弯曲液面为球面,气孔弯曲液面的 Kelvin 半径与相对湿度的关系如图 2.15 所示。

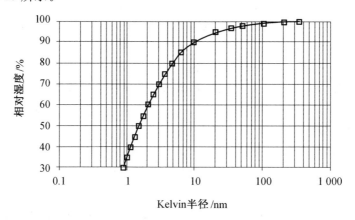

图 2.15　气孔弯曲液面的 Kelvin 半径与相对湿度的关系

当相对湿度降低到某数值时,与之相对应的一定孔径的毛细孔失水,出现与之相应的曲率半径的弯曲液面。

由弯曲液面造成的附加压力仍然用 Laplace 公式来表征:

$$\sigma_{\mathrm{cap}} = \gamma\left(\frac{1}{r_1} + \frac{1}{r_2}\right)\cos\theta$$

式中　σ_{cap}——弯曲液面所产生的附加压力或毛细孔压力；

　　　　γ——液体表面张力；

　　　　r_1, r_2——弯曲液面在两个垂直方向上的曲率半径,凹液面时取
　　　　　　　　负值；

　　　　θ——孔溶液与毛细孔壁的接触角。

当弯曲液面为球面时,$r_1 = r_2$,由弯曲液面造成的毛细孔压力也可以简单表达为

$$\sigma_{\mathrm{cap}} = \frac{-2\gamma\cos\theta}{r}$$

根据取值规则,当弯曲液面为凹液面时附加压力取负值,即凹液面以下压力小于凹液面以上压力。此时,毛细孔中的水处于负压状态,相当于对固体颗粒施加了一个"压力",使固相产生靠近的趋势,使混凝土整体表现为体积收缩。这一作用被称为毛细孔张力(capillary tension)。

在毛细孔压力作用下,含孔材料(如混凝土)所产生的应变可进行如下估算：

$$\varepsilon = \frac{S \cdot \sigma_{\mathrm{cap}}}{3}\left(\frac{1}{K} - \frac{1}{K_{\mathrm{s}}}\right)$$

式中　ε——含孔材料所产生的线性变形,即收缩；

　　　　S——饱水程度,即毛细孔被水充满的程度,取 0～1；

　　　　K——含孔材料在绝干状态下的体积模量(bulk modulus),Pa；

　　　　K_{s}——组成多孔材料的固相部分的体积模量,Pa。

上式可以用于对纯弹性多孔材料的变形进行估算,在一定程度上适用于混凝土材料。

当湿度降低至某一水平,使毛细孔中不能形成弯曲液面的时候,毛细孔张力作用消失,理论上在这一过程中可以观察到弹性恢复现象,但较少看到有关膨胀的报道。

值得说明的是,与较小曲率半径相对应的是气相较小的相对湿度。相对湿度的变化反过来决定了孔中液相表面张力的大小。气相压力越低,表面张力也就越大。所以,在液面曲率半径减小和表面张力增大二者的综合作用下,毛细孔张力有了大幅度提高。将液体的表面张力认为是常量是不全面的,也是不客观的。

Powers 经过计算得出，当毛细孔中的蒸气压相当于饱和蒸气压的 50% 时，毛细孔张力可高达 110 MPa。这一张拉应力作用于孔的内壁，使混凝土受到压缩，呈现出收缩的趋势。混凝土所承受的压应力与表面张力和受表面张力作用的面积有关，如下式所示：

$$\sigma_s = A_s \frac{2\gamma}{r_s}$$

式中　　σ_s—— 表面张力作用使混凝土所承受的压应力；

　　　　A_s—— 表面张力的作用面积，用单位体积混凝土中水的体积分数表征。

由于这种机理认为收缩是由水泥石固体中产生压应力导致的，因而，浆体的弹性模量将影响由这种机理引起的收缩，弹性模量越大，收缩总量越小。

若水泥石被重新润湿，孔重新被水填满，应力释放，硬化浆体膨胀（湿胀）。如果在受压缩时应变达到水泥石的非弹性范围，孔重新被水填满，应力释放后，孔也无法恢复其最初形状，孔径也增大了，即产生了不可逆收缩。

在早期，大量的水从相对较大的孔中蒸发出去，而相对较大的孔对应的毛细孔张力很小；在后期，水分从较小的孔里蒸发，很小的失水量就导致显著的收缩。毛细孔张力机理被认为在相对湿度较大的情况下是有效的，但相对湿度的下限还存在争议。毛细孔应力在相对湿度小于 40% 或 45% 后可能不再存在，因为这时弯曲液面不再稳定存在。所以，这种机理难以回答相对湿度很低时干缩的产生机理。

2. 拆开压力理论

Powers 在分析水泥浆收缩的实测收缩值与根据毛细孔理论所得到的计算值时发现，计算值要大于实测值。又考虑到在相对湿度小于 40% 时收缩的不连续性，他提出了抗吸附的拆开压力（disjoining pressure）的概念。拆开压力也被称为互斥力或分离压力。这种力是相邻微粒之间楔形开口中吸附水膜所产生的使微粒彼此分开的力。

水分子在固体颗粒表面的吸附导致固体颗粒表面分子与水分子之间产生相互吸引。吸附水被认为是以切线压力（扩散力）沿着固体表面被垂直压缩到表面上的，在一定温度下，吸附水层的厚度取决于环境相对湿度。厚度随相对湿度不断增加而增大，并达到最大值，相当于 5 个分子厚（约 1.3 nm），在相对湿度减小时，两相邻固体颗粒之间的距离减小，甚至小于 2.6 nm，因此，就会产生膨胀或分离压力。

该机理是基于吸附水具有推开相邻固体表面以获得热动力平衡的趋势。随着相对湿度的增加,液相弯曲液面曲率半径增大,毛细孔张力减小,相应的颗粒间的分离压力大于毛细孔压力,自由水向颗粒间迁移,吸附水层增厚,水泥石表现为膨胀;相反,水泥石相对湿度减小时,毛细孔张力增大,固相所受到的毛细孔压力大于吸附水层所产生的施加于固体颗粒的互斥力,吸附水层要向自由面扩散,吸附水层的厚度减小,表现为水泥浆体积的收缩,最终内部达到一种平衡,如图 2.16 所示。这个过程是一个黏弹性变形的过程,可以用特定弹性模量和黏度的弹簧—黏壶模型来模拟。吸附水层也被称为“受阻吸附水层”或“迟滞水层”(hindered layer)。

在这种力的作用下,水泥浆体发生的体积变化率可以用下式表示:

$$\frac{\Delta V}{V} = \beta f(w_a)\left(\frac{RT}{M_w V_w}\right)\ln h$$

式中 $f(w_a)$——互斥力的作用面积,$\mathrm{mm^2}$;

β——系数;

R——气体状态常数;

T——绝对温度;

M_w——水的摩尔质量,$\mathrm{g/mol}$;

V_w——孔中水的体积,mL;

h——相对湿度,$h = P/P_0$。

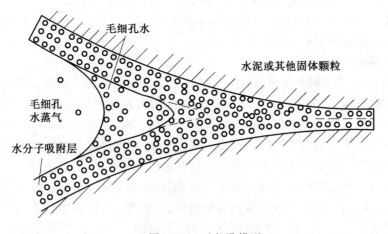

图 2.16　毛细孔模型

因此,毛细孔张力理论不能完全解释混凝土的干缩和湿胀现象。混凝土的体积变形是两种理论共同作用的结果。

当水泥浆受到外力作用时,则外力会通过迟滞水层来传递,迟滞水层因外力作用打破了原有的受力平衡,迟滞水层中的水也会向自由面迁移,结果是迟滞水层厚度减小,这一结果也可以用于混凝土受力时的徐变现象。

有人对这种机理提出了质疑,因为其假设水的吸附永远不会打破颗粒之间的结合。有试验结果表明:收缩并非简单地源自分离压力的减少。首先,当相对湿度较低时,膨胀速度也较低,这是本机理无法解释的;其次,用甲醇置换水,然后用 N－戊烷置换甲醇,并没有导致任何显著的收缩。而 Derjaguin 和 Churaev 指出,使用非极性分子(N－戊烷)替换极性分子(水或甲醇),分离压力将发生相当大的变化。

3. 固体表面张力理论

表面张力理论认为,无论是固体表面还是液体表面,其表面结合力的不平衡都使得表面原子或分子的能量高于内部原子或分子,这部分高出的能量即表面自由能或表面能,在固体或液体的表面体现出表面张力。表面张力的存在使颗粒自身受到压力作用。

在自然条件下,固体表面会吸附液体、气体或水蒸气以降低固体表面张力,这一能量降低的过程是自发的。这一过程表现为固体颗粒表面吸附层厚度的增大,固体颗粒体积增大,自身受到的压力减小,总体表现为固体的体积膨胀。相反,吸附水分子或其他分子一旦从固体颗粒(如 C－S－H 凝胶颗粒)表面脱离,表面张力增加,胶体颗粒受到的压力增大,表现为固体的体积缩小。

当吸收水汽分子时,表面张力的降低可用 Gibbs 公式表示:

$$\Delta\gamma = RT \int_{h_1}^{h_2} \frac{m_a}{V_s} d(\ln h)$$

式中　　h——相对湿度;

m_a——吸收水汽的质量;

V_s——吸收水汽的体积。

湿度越大,表面张力的降低值越大,预示着凝胶颗粒表面吸附水层厚度越大,固体颗粒的表面张力越小,混凝土表现为膨胀,即湿胀。

由于增大湿度,表面张力减小导致的固体颗粒膨胀可表示为

$$\frac{\Delta V}{V} = \frac{2\alpha}{3M_v}\Delta\gamma = \frac{2RT}{3M_v}\alpha \int_{h_1}^{h_2} \frac{m_a}{V_s} d(\ln h)$$

式中　　α——质量常数。

固体的表面张力与表面自由能成正比,与表面的曲率半径成反比。当

颗粒较大时，表面张力和表面能可以忽略。但对于比表面积约为 1 000 m²/g 的由极微小颗粒组成的 C—S—H 凝胶，其表面张力的变化是不容忽视的。

固体颗粒最初吸附水汽分子时，对表面张力的改变最为明显，随着吸附层的增厚，吸附量的增加对表面张力的改变渐弱。对于凝胶颗粒来说，当湿度由 100% 降低到 50% 左右时，吸附层的厚度从 5～6 个分子厚减小到约 2 个分子厚，其表面张力变化不大。当相对湿度低于 30% 时，最后的单分子层吸附水将脱附，此时，表面张力效应达到最大。当吸附水层完全脱附后，表面张力将不再发生变化，表面张力效应消失。

根据试验导出的 Gibbs—Bingham 公式，即固体的相对线膨胀（或收缩）率与表面张力的改变成正比：

$$\frac{\Delta l}{l} = \lambda \cdot \Delta \gamma$$

式中　　λ——针对特定材料的比例常数，其大小与材料的比表面积、密度和弹性模量有关。

这一机理主要适用于相对湿度较低的情况（< 40%），因为相对湿度高于 40% 时，全部固体表面将被吸附水分子覆盖，相对湿度的变化导致的吸附层厚度的变化，进而引起表面张力的变化将不再明显。

4. 层间水理论

普遍认为当湿度小于 11% 时，水分会从 C—S—H 凝胶的孔隙中消失，毛细孔中的弯曲液面也会消失，毛细孔张力理论将失去作用。有学者认为层间水迁移作用（removel of interlayer water）也是干缩的一个重要原因。

层间水移动理论认为水泥水化产物（C—S—H 凝胶）和托勃莫来石等都具有层状结构，水分子能够进入层间使晶格膨胀，当水分失去时，晶格结构将发生相应的收缩，从而导致整个固体材料的收缩变形。相对湿度低于 35% 时，层间水的可逆移动是引起收缩和膨胀的主要原因。少量的水分流失会产生非常大的收缩应变。

Guttridge 和 Parrott 在研究合成 C—S—H 的结构时发现，中间层的间距在相对湿度小于 11% 时随着相对湿度的变化而连续变化。流失的水分在重新恢复湿养护时部分恢复，其中的原因还不十分明确。

前述 4 个机理都一致认为，收缩可由多种机理产生，而且，控制收缩的主导机理随系统的相对湿度的改变而改变。这些机理的适用湿度既互有区别又互有重叠，都与内部孔隙中的水有关，由于孔结构的复杂性，很难把这些理论绝对地加以区分。

2.5　碳化收缩

混凝土的碳化作用主要是大气中的 CO_2 在水分存在的条件下与水泥水化产物发生化学反应,产成 $CaCO_3$、硅胶、铝胶和游离水,并产生收缩的过程。由于 CO_2 主要与碱性物质发生反应,结果导致混凝土的碱性降低,因此混凝土的碳化过程又称为中性化过程。

2.5.1　碳化收缩现象

碳化反应的结果使硬化水泥浆固相体积发生变化,反应产物在孔隙中沉积,改变水泥浆的原始孔结构,并导致宏观体积的收缩。

水泥水化产生的碱性物质与 CO_2 的反应属固相反应,虽然在动力学上是自发的,但反应的程度极其微弱,正常的反应必须以水为介质。一定的湿度是碳化反应进行的必要条件。

碳化反应的另一必备条件是 CO_2 需经扩散作用与硬化水泥浆中的碱性物质接触,凡影响 CO_2 扩散的因素也将影响碳化的进程。

一般认为,碳化深度与龄期平方根成线性关系,如图 2.17 所示,成型后 24 h 开始测量的加速碳化,即加入质量分数为 0.27% 的纤维素醚的砂浆试件的碳化深度与龄期平方根的关系。

混凝土的碳化作用除引起收缩外,同时也直接影响混凝土对钢筋的保护作用(称为护筋性)。对于硬化后的混凝土,由于水泥水化生成 $Ca(OH)_2$,因此形成的碱性环境使钢筋表面生成难溶的 $Fe(OH)_2$ 层(称为钝化膜),对钢筋有良好的保护作用。但在混凝土的碳化过程中,空气中的 CO_2 与碱性物质发生作用,使混凝土碱度不断降低,破坏了混凝土对钢筋的保护作用,并加速了钢筋的锈蚀。

碳化过程是一个不可逆的过程,碳化收缩增加了不可逆收缩部分的量,并可能在混凝土表面产生不规则的裂缝。碳化作用也有增加混凝土强度和提高抗渗透性的作用。

2.5.2　碳化收缩机理

由化学热力学计算分析可知,水泥水化产物与 CO_2 发生反应的过程均为 Gibbs 自由能降低的过程,反应都可以自发进行。反应既可以是在溶液

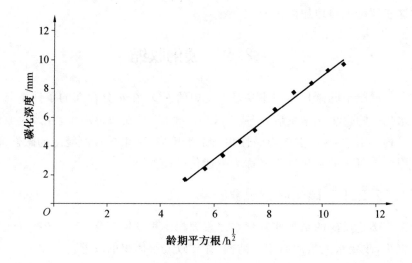

图 2.17　碳化深度与时间的关系

中进行的液相反应,亦可以是水泥水化产物与 CO_2 直接发生的固相反应。但从化学平衡的角度分析,相比于液相反应固相反应的 CO_2 平衡分压要高 $1 \sim 2$ 个数量级,因此液相反应更容易发生。液相反应是在水泥浆的孔隙水中进行的, CO_2 通过扩散作用进入到混凝土内部,溶于孔隙水中,发生以下反应:

$$CO_2 + H_2O \longrightarrow H_2CO_3$$

因此,孔隙水是发生液相反应的必要条件。当环境湿度较低,混凝土毛细孔自由水消失,水分均为物理吸附水时, CO_2 与 H_2O 结合形成 H_2CO_3 的反应将不能进行,液相反应将无从发生。

在适当的湿度条件下,孔中的 H_2CO_3 与水泥水化产生的 $Ca(OH)_2$ 发生如下反应:

$$Ca(OH)_2 + H_2CO_3 \longrightarrow CaCO_3 + 2H_2O$$

H_2CO_3 与所有的水化产物均能发生反应,其中 $Ca(OH)_2$ 与 H_2CO_3 的反应能力最强。其反应的过程是与孔隙水接触的 $Ca(OH)_2$ 溶于水,在液相中发生反应,生成 $CaCO_3$ 并在孔隙中沉积。

除了上述反应外, $C-S-H$ 凝胶与 H_2CO_3 有以下反应:

$$3CaO \cdot 2SiO_2 \cdot 3H_2O + 3H_2CO_3 \longrightarrow 3CaCO_3 + 2SiO_2 + 6H_2O$$

$$2CaO \cdot SiO_2 \cdot 4H_2O + 2H_2CO_3 \longrightarrow 2CaCO_3 + SiO_2 + 6H_2O$$

以上两个反应的结果使水泥水化的主要产物——$C-S-H$ 凝胶发生分解,生成 $CaCO_3$ 和硅胶在孔隙中沉积,使水泥浆结构破坏,一方面造成体积的收缩,另一方面影响混凝土的强度。

另外,H_2CO_3 还可以与水化硫铝酸钙($3CaO \cdot Al_2O_3 \cdot 3CaSO_4 \cdot 32H_2O$、$3CaO \cdot Al_2O_3 \cdot CaSO_4 \cdot 12H_2O$)、水化氯铝酸钙($3CaO \cdot Al_2O_3 \cdot CaCl_2 \cdot 10H_2O$)等复杂水化产物发生以下反应:

$$3CaO \cdot Al_2O_3 \cdot 3CaSO_4 \cdot 32H_2O + 3H_2CO_3 \longrightarrow$$
$$3CaCO_3 + 3CaSO_4 + Al_2O_3 \cdot xH_2O + (32-x)H_2O$$

$$3CaO \cdot Al_2O_3 \cdot CaSO_4 \cdot 12H_2O + 3H_2CO_3 \longrightarrow$$
$$3CaCO_3 + CaSO_4 + Al_2O_3 \cdot xH_2O + (12-x)H_2O$$

$$3CaO \cdot (Al_2O_3 \cdot Fe_2O_3) \cdot 3CaSO_4 \cdot 32H_2O + 3H_2CO_3 \longrightarrow$$
$$3CaCO_3 + Al_2O_3 \cdot xH_2O + 2Fe(OH)_3 + 3CaSO_4 + (29-x)H_2O$$

$$3CaO \cdot Al_2O_3 \cdot CaCl_2 \cdot 10H_2O + 3CO_2 \longrightarrow$$
$$3CaCO_3 + 2Al(OH)_3 + CaCl_2 + 7H_2O$$

以上 4 个反应的结果同样是水化产物溶于 H_2CO_3,生成 $CaCO_3$ 等简单的盐,使水泥石结构发生破坏。其中,Al_2O_3 可以与若干个水分子结合生成铝胶。

碳化反应生成的 $CaCO_3$ 及硅胶、铝胶将填充毛细孔而使毛细孔得以细化、粗大孔得以填充,孔隙率(尤其是粗大孔隙率)下降,从面层开始密实度得到提高,硬度增大。这一结果对 CO_2 气体的进一步扩散及孔中水的碳酸化过程起到一定的阻碍作用。同时,反应的结果使水化产物中的结合水以及结构水转变成了自由水,其存在于毛细孔中,增大了混凝土的含水率,内部的相对湿度提高。

混凝土内部的相对湿度与所处环境存在动态平衡,环境湿度较低时,碳化生成的这部分毛细水将失去,失水过程导致了混凝土体积的收缩,其收缩机理与干缩机理相同。

由此可以看出,一方面碳化作用生成的物质在孔隙中沉积,使孔隙得以填充,另一方面原有的水化产物溶于 H_2CO_3,生成了新的微细孔。新生的孔隙在毛细孔张力、固体表面张力等干缩机理作用下使系统具备了发生收缩的可能性,而碳化生成物在原生孔隙中沉积并不能弥补这一收缩的趋势。

混凝土的碳化收缩与环境湿度密切相关。当相对湿度为 100% 时,碳化收缩极其轻微。其原因是即使表面发生了局部的碳化,而碳化生成的自由水不能失去,孔隙始终是吸水饱和状态,使干缩的机理不能发挥作用。

试验表明,当相对湿度为 55% 时,碳化反应最容易发生,碳化较快的湿度范围是 50% ～ 70%。《普通混凝土长期性能和耐久性能试验方法标准》(GB/T 50082—2009)规定的混凝土加速碳化试验的环境相对湿度为 70%。其理由是在这一湿度条件下，孔隙中有适量的水分，足以与扩散进入混凝土的 CO_2 形成 H_2CO_3，具备与水化产物发生反应的条件。另一方面，碳化反应生成的水分易于散失，使碳化收缩最明显；当湿度进一步降低时，粗大孔隙、毛细孔中的水损失殆尽，硬化水泥浆中的水分多处于物理吸附状态，不能与 CO_2 形成 H_2CO_3，碳化作用也就受到了抑制，从而使碳化作用降低甚至停止，碳化收缩也将不能发生。

碳化反应的发生伴随着固相体积的变化，以 $Ca(OH)_2$ 的碳化过程为例：

$$Ca(OH)_2(s) + H_2O(l) + CO_2(g) \longrightarrow CaCO_3(s) + 2H_2O(l)$$

$Ca(OH)_2$ 和 $CaCO_3$ 的密度分别为 $2.237\ g/cm^3$ 和 $2.710\ g/cm^3$，可以计算出反应前后固相体积约膨胀了 11.5%。T. C. Powers 认为，水泥石中的 $Ca(OH)_2$ 是有压力作用的，而 $CaCO_3$ 的生成是在无压力的空间中，因此导致了收缩。另外，消耗的 $Ca(OH)_2$ 引起硬化水泥浆体的收缩，而生成的 $CaCO_3$ 沉积于孔隙中并不会引起宏观体积的膨胀，尽管反应前后固相体积膨胀了，但在宏观上仍表现为收缩。类似地可以计算得出 C—S—H 和钙矾石反应前后体积分别膨胀了约 -2.4% 和 - 44.6%。由于水泥石中各水化产物的比例并不相同，水泥石总体的固相体积是否收缩并不能确定。值得注意的是，钙矾石发生碳化反应后，固相体积减少 40% 以上，虽然钙矾石在水泥水化产物中含量相对不高，但混凝土是非均相体系，难免在构件表面或粗骨料界面等处富集。若钙矾石在离表面较近处出现了局部富集，则会由于表面的 CO_2 含量较高而发生明显的碳化现象，其产生较大的体积变化会使表面出现明显的收缩而导致开裂，所以钙矾石发生碳化反应出现的绝对体积减少也是碳化收缩的机理之一。

另外，在碳化初期，高碱性的 $Ca(OH)_2$ 维持着整个 C—S—H 凝胶体系的碱度平衡。随着碳化的逐步进行，$Ca(OH)_2$ 逐渐消耗，导致体系的 pH 降低，破坏了 C—S—H 凝胶稳定存在的环境，使得 C—S—H 凝胶发生转变。

总之，碳化是一个复杂的过程，碳化收缩是在多种因素的综合作用下产生的。由于水泥的成分、混凝土配合比等差别较大，碳化收缩的机理也不尽相同。

第3章　混凝土尺寸稳定性评价方法

由于混凝土组成材料的复杂性和混凝土配合比的多样性,因此混凝土的尺寸稳定性也表现出多样性。其量值大小差别较大,发生的时间及速率也不相同,因此对混凝土的尺寸稳定性进行评价对研究混凝土变形,以及预测混凝土在工程中的开裂风险具有重要意义。尺寸稳定性的评价包括混凝土在自由状态下和约束状态下两种情况。

3.1　自由收缩的测量

自由收缩(free shrinkage)是指混凝土试件在无约束条件下测得的混凝土试件的收缩。

自由收缩存在两种截然不同的测量方式,即体积变形的测量和线性变形(linear shrinkage)的测量。体积法用于混凝土在塑性状态时收缩的测量,而线性法则用于混凝土凝结后收缩的测量。

线性收缩是指试件在一维尺寸上的收缩,收缩试件一般要求长度方向的尺寸是断面尺寸的 4 倍以上。

自由收缩是评价混凝土材料本身收缩值的重要指标,也是预测混凝土开裂与否的重要参考依据。

3.1.1　塑性收缩的测量

混凝土的收缩首先表现为总体积的收缩,但在混凝土成型早期,混凝土结构尚未形成,体积变化不能够完全转化为一维尺寸的变化,而体积的变化又不易测量。对于水泥净浆试件或水泥砂浆试件可以采用体积法进行测量,具体方法是通过测量浸入纯净水或液体石蜡中试样质量的变化间接测量水泥净浆或砂浆的体积变化。所采用的试件用一个乳胶袋密封,在进行密封处理时要尽可能地排除袋内空气,如图 3.1 所示。

体积法明显的优势在于自水泥加水拌合成型后,对体积变化的测量可立即进行。至于测得的体积收缩如何界定将在下文中讨论。

体积法的缺点在于在试件制备过程中可能存在空气泡,成型后的泌水可能在乳胶袋与水泥浆之间形成水膜,随着水泥水化的内部自干燥作用,

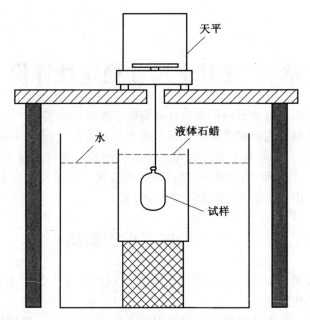

图 3.1 体积法测量自收缩示意图

水膜能够被重新吸入水泥浆内部,给测量造成较大的误差。乳胶袋的渗透性也可能引起测量误差。另外,体积法试验的试件通常体积较小、形状不规则,不能直观描述工程中混凝土结构的变形。因此在国内外对混凝土收缩的研究中体积法并未作为一种主流的测试方法。

对于混凝土的塑性收缩测量也可以采用体积法。例如,可以将较大坍落度(190±5) mm 的流动性混凝土分层装入 1 000 mL 的玻璃量筒内,每层装入后用玻璃棒插捣或手持量筒置于 5 mm 厚的橡胶垫上轻轻颠击,直至混凝土表面再无气泡溢出,外视量筒侧面无蜂窝孔隙。最后一层混凝土装入并振动密实后盖上玻璃片,读出混凝土初始体积 V_0;每隔 30 min 用吸管吸出泌水 1 次,并同时读取此时混凝土体积 V_t,直至连续 3 次无泌水吸出为止。不同时段的混凝土体积收缩率为 $(V_0 - V_t)/V_0 \times 100\%$,预拌混凝土的塑性收缩率即以该体积收缩率表征。泌水量的测量方法与常压泌水率的测量方法一致。该试验方法测得的塑性收缩率包含了因泌水导致的混凝土体积的减小,与封闭体系的体积收缩率相比其测量值偏大。

3.1.2 干缩的测量

干缩的测量已经形成标准化的试验方法。《普通混凝土长期性能和耐久性能试验方法标准》(GB/T 50082—2009)规定：收缩试件采用 100 mm×100 mm×515 mm 的棱柱体标准试件,端部预埋不锈钢测头,试件成型 1～2 d 后拆模,标准养护 3 d 后开始测量试件尺寸的变化。试验环境要求温度为(20±2)℃、相对湿度为(60%±5%)的实验室环境。用千分表测量两端预埋测头间长度随龄期的变化,以开始测量时间作为起始时间点,分别测量 0 d、1 d、3 d、7 d、…、360 d 的千分表读数的变化。以此方法测得的混凝土收缩值作为该试件所代表的混凝土的收缩特征值。

本试验方法以 3 d 作为收缩测量的起点,对普通混凝土是合适的,因为普通混凝土的干缩是收缩的主要表现形式,而且由此测得的收缩已经明确是硬化后混凝土的干缩。但对于低水胶比的高强、高性能的混凝土,前 3 d 已经发生较大的收缩变形,由此方法测得的收缩值不能客观地评价混凝土收缩幅度的大小。

3.1.3 自收缩的测量

1. 自收缩试件

我国的标准试验方法中规定,自收缩测量的试件尺寸为 100 mm×100 mm×515 mm,且测量标距不小于 400 mm。在成型试件时应在试模内涂刷润滑油,然后在试模内铺设两层塑料薄膜,或者在试模的内测放置聚四氟乙烯薄片,且应在塑料薄膜或聚四氟乙烯薄片与混凝土接触的面上涂抹润滑油,以保证混凝土试件在模内的自由滑动,收缩是在无约束的条件下自由发生的。由于开始测量时混凝土尚不具备脱模条件,因此收缩的测试需带模进行。为了满足自收缩的定义,在自收缩测量时要求在成型后立即用塑料薄膜对试件进行密封处理。

收缩可以采用接触法或非接触法测量,采用接触法测量时在混凝土内部预埋测头,测头通过端模伸出试模以外,标距取两个测头之间的净间距,如图 3.2 所示。

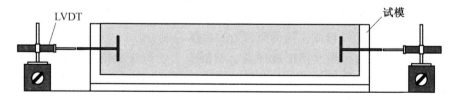

图 3.2　混凝土试件一维收缩测量

标准试验方法并未考虑试件的温升导致的变形。而事实上试件内部温度升高是难以避免的。

　　根据自收缩的定义,自收缩不包括因温度变化而导致的混凝土试件尺寸的变化。因此,在试验中除保证混凝土在整个试验中处于密封状态以外,同时应尽可能保证试件温度保持稳定。当然,因温度变化导致的尺寸变化可以从试件总的尺寸变化中减去,但是,混凝土早期的热膨胀系数正处于一个快速变化期,再加上试件温度不均匀,热膨胀系数的测量误差等给试验增加了变数。另外,温度的升高使试验条件和混凝土的凝结硬化历程发生了改变。Loukili 等人认为,混凝土的最终变形受到试验中温度变化历程的影响。因此,在对试验设备进行设计时,一方面要考虑在试验过程中保证试件与周围环境无物质交换,更重要的是,要保证在试验过程中,试件的温度无大的波动。

　　在对自收缩进行研究时,设计了一种可以在一定程度上控制温度波动的试模,试模断面如图 3.3 所示。

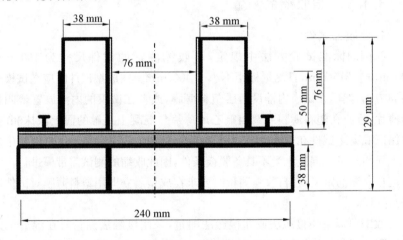

图 3.3　试模断面

　　试模断面尺寸为 76 mm×76 mm,长度为 1 000 mm。其侧模和底模均由中空的型钢制成,试模内表面衬以聚四氟乙烯薄板并在其内表面涂刷润滑油以减小试件与试模间的摩擦力。温度控制介质(水)在型钢中沿相同方向流动并与恒温水槽形成回路。混凝土水化所释放出的热量会适时地被水带走。试件核心温度与普通钢质试模或木质试模相对,温度得到了一定程度的控制。与初始温度相比,温升不足 2 ℃,如图 3.4 所示。

　　温升与相应时刻的膨胀系数的乘积即是温度变形。在计算混凝土试件的自收缩变形时,把直接采集到的收缩应变数据,扣除温度变形即可得

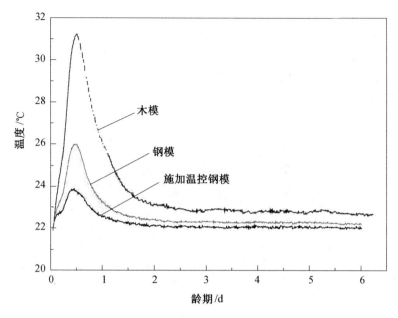

图 3.4　不同模具的试件核心温度

到自收缩应变数据。

1995 年，Ole M. Jensen 创造性地把水泥浆成型于一个塑料波纹管中，形成用于自收缩测量的试件。一个完整的模具包括一根塑料波纹管和两个用于端部密封的卡环，如图 3.5 所示。

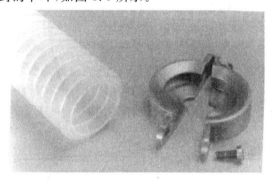

图 3.5　波纹管模具及端部卡环

以此方案制备的试件可以保证对水泥浆进行有效的密封。另外，波纹管对水泥浆试件的轴向约束远小于其环向约束，可以认为试件在轴向可以自由变形。直径较小的波纹管只能用于水泥浆或水泥砂浆自收缩的测量。对于混凝土自收缩的测量，可以选用更大直径的波纹管实现，其原理基本相同。

　　对试件的变形进行测量时,把试件放置在一个专门设计的钢质框架上,如图 3.6 所示。框架主要由两块端板和 4 根等长度的不变钢经螺纹连接而成。试件由下部的另外两根圆钢承托。试件的右侧固定,其轴向变形通过左侧的位移传感器读取。

图 3.6　自收缩测试装置

　　为了消除试件温升对变形的影响,整个测试装置连同试件被置于一个内装乙二醇的恒温槽内,并对乙二醇的温度进行控制。

　　在试件成型初期,对于处在塑性阶段的普通混凝土收缩试件,长度的测量是无法实现的,只能以体积的变化来评价其收缩的大小。而通过体积法测量混凝土的收缩又存在诸多的问题。如果用上述方法能够把处于塑性状态的混凝土的体积收缩转化为线性收缩,则可以实现从成型后立即开始对混凝土收缩变形的测量。

　　由于波纹管模具结构的特殊性,因此沿轴向方向的变形能力远大于沿径向方向的变形能力。假设沿径向的变形可以忽略,体积的变化将全部以长度变化的形式来体现。两个无量纲的比值在数值上是相等的,即

$$\frac{\Delta V}{V} = \frac{\frac{1}{4}\pi d^2 l - \frac{1}{4}\pi d^2 (l - \Delta l)}{\frac{1}{4}\pi d^2 l} = \frac{\Delta l}{l}$$

式中　　d——圆柱形试件的直径;

　　　　l——圆柱形试件的长度。

　　此试验装置可以实现自收缩的测量从混凝土成型后立即开始。

2. 自收缩测量的开始时间

　　从水泥加水的那一刻起,即开始了水泥与水的化学反应。水泥的水化

反应是一个固相的绝对体积增加、固相与液相的绝对体积之和减小的过程,体积减小的量即化学收缩或化学减缩。化学减缩一部分表现为内部孔隙的增大,一部分表现为宏观体积的收缩。在无温度变化、无水分得失、无外力作用的条件下,这部分宏观体积的收缩称为自收缩,对自收缩这一定义已经取得共识。但细分时发现,用体积法测量混凝土收缩时,可以从水泥加水后数分钟内混凝土尚处于塑性状态时立即开始(用波纹管成型的试件也可以实现从塑性状态下开始),而用传统的混凝土试件测得的混凝土线性收缩值只能在试件成型数小时后混凝土的内部结构初步形成后才能测得。与这两种情况相应的是对混凝土自收缩进行界定的两种观点。

一种观点认为,自收缩是指当水泥浆体结构形成以后,由于水泥进一步水化而使其内部相对湿度下降所引起的收缩。水泥浆体结构形成的时间界定一般定义为水泥浆的初凝。这与国内大部分学者的观点是一致的。日本混凝土协会(Japan Concrete Institute,JCI)所定义的自收缩也是指在初凝以后由于水泥水化导致的表观体积的收缩,与国内大部分学者的观点一致。

另一种观点认为,既然自收缩是密封养护(无水分得失)及等温条件下混凝土所表现出的表观体积或长度的减小,就应该包括从拌合以后到水泥浆结构形成之前这段时间所发生的收缩,并把这段时间所发生的收缩称为凝缩(setting shrinkage)。而把结构形成以后所发生的表观体积或长度的收缩称为自干燥收缩(self-desiccation shrinkage)。自收缩相当于凝缩和自干燥收缩之和,而国内大部分学者和日本学术界的观点认为自干燥收缩与自收缩是等同的。

凝缩和自干燥收缩的产生都是化学收缩引起的,在塑性阶段凝缩与化学收缩近似相等;自干燥收缩是在水泥浆结构形成以后化学收缩的外在表现形式,是由化学收缩导致的表观体积或长度的收缩。对于真实的混凝土结构,凝缩主要表现为少量的沉降,从预防或预测混凝土结构开裂的角度,凝缩是没有力学意义的。在结构形成以前塑性阶段的自收缩(凝缩)可以通过混凝土的塑性流动自行消解,也可以通过在施工中采取手段(如二次抹压等)消除不良影响。

因此,在对自收缩进行界定时,是否包括凝缩意义并不大,只需在对试验结果进行说明时注明试验条件,并注明自收缩测量的开始时间。作者认为自收缩应包括凝缩和自干燥收缩;把自干燥收缩等同于自收缩符合对自收缩的认知习惯,人们对自收缩的认识也是从自干燥现象开始的。

自干燥收缩零点是指在标准养护温度下,从水泥与水接触开始到混凝土内部结构初步形成并足以传递拉应力的时间。自干燥收缩零点确定的意义在于把凝缩与自干燥收缩的量值加以区分。如果把自干燥收缩等同于自收缩，自干燥收缩零点即自收缩测量的起点。

　　大量的文献粗略地认为水泥浆的初凝时间即为自干燥收缩测量的起点，以时间界定自干燥收缩，如图3.7所示。

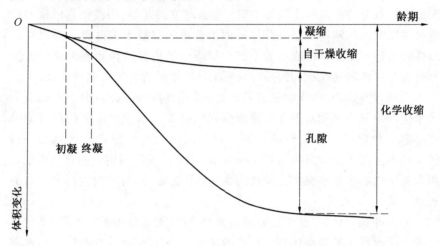

图3.7　混凝土的自干燥收缩测量示意图

　　需要说明的是，把初凝时刻定义为自干燥收缩零点并没有确切的依据。在水泥浆初凝时，试件能否传递拉应力、能否把体积的减小转化为一维尺寸的减小并不能确定。用维卡仪测得的凝结时间与水泥浆体结构的形成过程并没有确切的对应关系。

　　对相同组成的水泥浆的自收缩及化学收缩的分析结果表明，当水泥浆处于液态时，化学收缩与自收缩是一致的。随着水泥浆的硬化，自收缩与化学收缩开始沿不同的规律发展，两曲线出现分歧的时间点与终凝时间是相对应的。也把这一时间点作为自干燥收缩的时间零点，如图3.8所示。

　　自干燥收缩以水泥浆内部出现孔隙为标志，从此时开始，化学收缩与表观体积收缩不再相等。这一时间点也可以通过采用声发射技术探测水泥浆中孔隙的产生加以判断，其测量原理如图3.9所示。

　　声发射(acoustic emission, AE)是指材料局部因能量的快速释放而发出瞬态弹性波的物理现象，瞬态弹性波也称为应力波发射。材料内部结构的细微变化，如微裂纹或孔隙的形成，均可成为声发射源。从声发射源发射的弹性波最终传达到材料的表面，引起可以用声发射传感器探测的表面

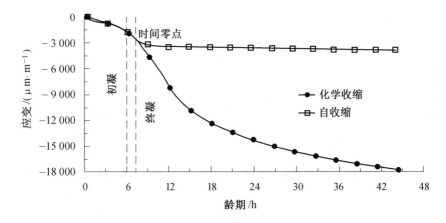

图 3.8　自收缩、化学收缩的分离确定自干燥收缩零点

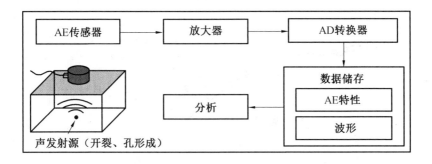

图 3.9　声发射技术探测混凝土自干燥收缩零点原理示意图

位移。这些探测器将材料的机械振动转化为电信号,然后被逐级放大、处理、记录,对声发射信号进行分析,推测材料结构的微小变化。

在水泥浆试件成型后的前 2 h,几乎没有明显的声发射事件的发生,对部分试件可以在 2～3 h 时探测到较弱的声发射事件。在 7 h 时,可以探测到较强的弹性波信号,证明了较明显的声发射事件,如图 3.10 所示。

在 7～9 h 探测到的明显的弹性波表明水泥浆的结构发生了显著的变化,即在 7 h 气孔开始在水泥浆内形成。气孔从无到有的过程伴随着表面能的快速且明显的增大,正是这一明显的结构变化促成了声发射事件,使在表面可以探测到瞬态应力波的显著变化。

而这一现象正好与用传统方法测得的水泥浆的终凝时间一致,如图 3.11 所示。也正是在这一时刻,自收缩变形与化学收缩变形曲线产生了分歧。换句话说,自干燥收缩是从水泥浆的终凝时刻开始的。

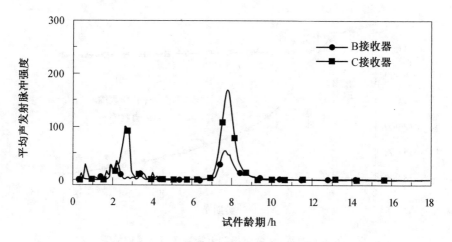

图 3.10　在试件表面探测到的弹性波

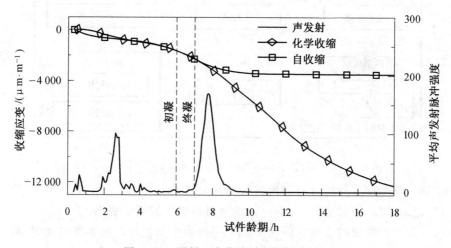

图 3.11　混凝土自收缩零点与凝结时间

　　因此,水泥浆内部产生孔隙的时刻作为自干燥收缩的起点是客观的,而这一时刻与水泥浆的终凝时间一致。所以,水泥浆的终凝时刻作为自干燥收缩零点是符合事实的。如果把自干燥收缩等同于自收缩,那么自收缩测量的零点选取为终凝时刻更为合理,而之前通常认为的以初凝作为自收缩测量零点的依据并不充分。

　　另外,利用超声波也可以判断混凝土结构的形成,并把结构的形成作为自收缩测量的零点。拌合后超声波主频处于很低水平(小于 10 kHz),并随龄期缓慢升高;数小时后,超声波主频突然出现"跳跃式"增长,如水灰比为 0.31 的混凝土,试件拌合后 7.08 h 超声波主频从 5.49 kHz 迅速增长至 47.61 kHz,如图 3.12 所示。

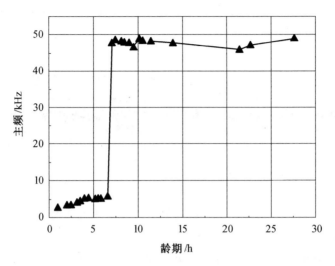

图 3.12 超声波主频随龄期的突变

主频的跳跃式增长标志着混凝土结构的快速形成。结构的快速形成使混凝土具备了把体积收缩转变为一维线性收缩的能力,作为收缩测量的零点是可行的。

3.2 约束收缩的测量

人们对混凝土收缩的强烈关注始于工程中混凝土的普遍开裂现象。研究混凝土收缩现象的目的在于搞清混凝土收缩的内在机理,采取相应的必要措施减少或避免混凝土开裂现象的发生,保证混凝土工程的质量。

在不考虑混凝土骨料对浆体变形的约束以及构件不同部位混凝土变形不均匀造成的自相约束时,理论上混凝土的自由收缩不会导致混凝土内部应力的产生以及开裂。但在实际工程中,混凝土难免受到来自各方面的约束,以致于在混凝土表面及内部产生拉应力,当拉应力超过一定限值(不一定是混凝土在开裂时的抗拉强度)时,将不可避免地使混凝土产生开裂。

为了对混凝土在约束条件下因收缩导致的内部拉应力进行量化,国内外学者进行了不同形式的试验研究。

3.2.1　钢棒约束

钢棒约束是在日本广为使用的一种约束收缩测试形式,其试验原理如图3.13所示。

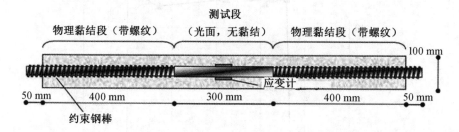

图 3.13　钢棒约束试验原理

试验的基本原理是在混凝土试件的中心预埋表面带螺纹的钢棒,混凝土的收缩使钢棒轴向受压,钢棒受压缩的量可以通过粘贴于钢棒中部的应变计读取。从钢棒的受压应力反推混凝土因收缩受到的拉应力。混凝土在约束条件下的轴向拉应力表达式为

$$\sigma_{cr}(t) = \frac{\varepsilon_s(t) \cdot E_s \cdot A_s}{A_c}$$

式中　　$\sigma_{cr}(t)$—— 随时间变化的混凝土的轴向拉应力,N/mm^2;

$\varepsilon_s(t)$—— 随时间变化的钢棒的受压缩应变;

E_s—— 钢棒的弹性模量,MPa;

A_s—— 钢棒的截面积,mm^2;

A_c—— 混凝土试件的截面积,mm^2。

试件是一个长 1 000 ～ 1 200 mm,横截面为 100 mm × 100 mm 的棱柱体。钢棒预埋在棱柱体试件的中心对试件的自收缩施加反向约束。钢棒直径为32 mm,与试件等长。对钢棒表面进行特殊变形处理以增加与混凝土的握裹力。去除中间 100 mm 的翼缘,使之成为光滑表面。在光滑表面上粘贴应变计以监测钢棒在受压力作用下的变形。光滑部分用 3 层 0.1 mm 的聚酯薄膜包裹以防混凝土与钢棒光滑部分发生黏结。通过测量钢棒受压所产生的变形,可以计算得到在自收缩受到约束时混凝土内部所产生的自生拉应力。

这种约束形式的局限在于钢棒并非完全刚性的,只有部分混凝土的收缩变形受到了约束;同时钢棒受压所产生的变形在整个长度范围内是不均匀的,中部的压缩变形最大。所测得的钢棒的变形是整个长度范围内的最

大值而并非平均值。

3.2.2 环形约束试验

中国土木工程学会发布的《混凝土结构耐久性设计与施工指南》(CCES 01—2004,以下简称"指南")附录 A 推荐了分别用于净浆(或砂浆)和混凝土的两种约束收缩试验方法。这些方法主要用来比较不同原材料、不同配比浆体(或混凝土)早期抗裂性的相对优劣,从而对原材料和配比进行优选。试验可反映浆体(或混凝土)的塑性收缩、自收缩和干缩引起的混凝土早期开裂倾向。

试件的标准模具包括内环、外环和底座,如图 3.14 所示。

图 3.14　混凝土环形约束抗裂试验

试件尺寸:内径 41.3 mm,外径 66.7 mm(即壁厚 25.4 mm),高度 25.4 mm。指南指出试件净浆选用的水灰比(水胶比)宜取 0.24 ~ 0.28;当用胶砂浆体时,其水灰比(水胶比)可与拟用的混凝土中的浆体的参数相同。

指南所述的试验方法存在一定缺陷,具体包括以下几个方面:

(1) 环形约束试验的物理意义不如轴向约束直观,混凝土受力状态与实际工况不符。

(2) 约束程度不明确,难以动态地将约束应力与构件开裂联系起来。

(3) 内表面与钢材相接触成为密闭状态,收缩表里不均一。

(4) 只能用于素混凝土试验,而无法应用于配筋构件。

(5) 只能观测开裂龄期和裂缝宽度,无法提供足够的信息进行理论分析。

为了测量评价混凝土内部应力的大小,并进一步分析混凝土的约束条件下受自生拉应力作用所产生的力学行为,环形约束的试验条件逐步优化。在环形约束试验中,混凝土试件呈圆环形。试件成型时,作为研究对象的混凝土浇筑在两个环形模具之间。内环通常是钢环,在混凝土发生收缩时,由钢环对混凝土的收缩提供反向约束。外环可由 PVC、薄钢板或其他材料制成。在内钢环的内侧贴 4 个应变片,相邻应变片互成 90°。应变片组与数据采集系统相连。混凝土中由于收缩被限制而产生的拉应力以及在此张力作用下所产生的弹性变形和徐变变形可通过应变计的读数进行计算而得到。在收缩值较大时,混凝土可能产生开裂,混凝土的开裂以应变计读数的突然变化为标志。对 4 个不同配合比的混凝土环形约束试件的钢环压缩应变进行测试,如图 3.15 所示。

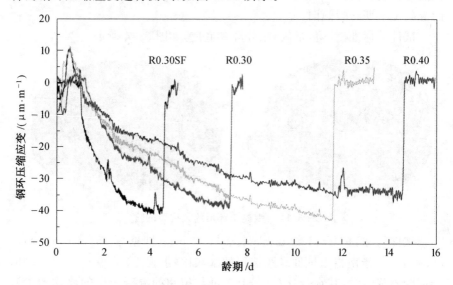

图 3.15　混凝土受环形约束时钢环的压缩应变

不同的研究者所采用的试件尺寸不尽相同。美国国家公路与运输协会 (American Association of State Highway and Transportation Officials,AASHTO) 所制定的行业标准规定,钢环厚度为 12.7 mm,混凝土环形试件的内外径分别为 304.8 mm 和 457.2 mm,试件高度为 152.4 mm,混凝土环的断面尺寸为 76.2 mm × 152.4 mm。美国材料与试验协会(American Society for Testing and Materials,ASTM) 所推荐的混凝土环形试件的尺寸:内外径分别为 330.2 mm 和 406.4 mm,试件高度 152.4 mm,试件的断面尺寸为 38.1 mm × 152.4 mm。更有一些学者制备的试件尺寸与 AASHTO 标准要求一致,但钢环的厚度取 19.1 mm 甚至 25.4 mm。钢环的厚度越大,混凝土受约束的程度越高,越接近于完全约束。但钢环厚度越大,受压缩时的应变越小,读取钢环应变的精度越差。

根据试验经验,钢环的厚度取值为 12.7 mm 是可行的。有代表性的环形约束试验装置如图 3.16 所示。

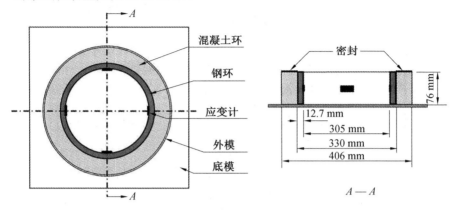

图 3.16 环形约束试验装置

读取钢环的压缩应变,计算可得混凝土内部的自生拉应力以及在此拉力作用下的弹性变形和徐变。

钢环与混凝土环构成一个复杂的力学平衡体系,为了使计算简化,先对体系做以下合理假定:

(1) 钢环与混凝土环之间完全接触,在变形过程中无相对滑移。

(2) 钢环与混凝土环同步变形,且应变相等。

(3) 钢环与混凝土环的变形沿径向和环向都是均匀的。

(4) 钢环发生完全弹性变形,混凝土环同时发生弹性变形和徐变。

自由收缩与环形约束条件下混凝土环与钢环的变形如图 3.17 所示。

根据以上假定,试验测得的钢环内表面的受压缩应变即为钢环与混凝土环的同步应变。若在某一时刻约束被释放,释放后混凝土试件的长度与约束状态下混凝土试件的长度之差即为弹性变形量。释放后混凝土试件长度与自由状态试件长度之差即为混凝土的徐变量。混凝土的弹性应变、徐变、自由收缩应变、钢环与混凝土环的同步应变的关系为

$$\varepsilon_{st}(t) = \varepsilon_{ec}(t) + \varepsilon_{cp}(t) + \varepsilon_{sh}(t) \tag{3.1}$$

式中　$\varepsilon_{st}(t)$ —— 钢环与混凝土环的同步应变(钢环的受压变形);

　　　$\varepsilon_{ec}(t)$ —— 混凝土环的弹性应变;

　　　$\varepsilon_{cp}(t)$ —— 混凝土环的徐变;

　　　$\varepsilon_{sh}(t)$ —— 混凝土环的自由收缩应变。

其中,钢环与混凝土环的同步应变 $\varepsilon_{st}(t)$ 和混凝土的自由收缩应变

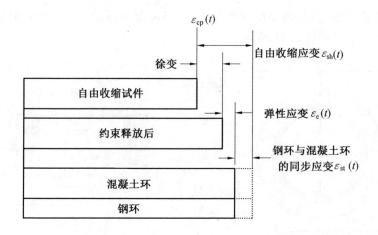

图 3.17　自由收缩与环形约束条件下混凝土环与钢环的变形

$\varepsilon_{sh}(t)$ 取负值；混凝土的弹性应变及徐变是在反向约束力的作用下发生的伸长值，变形与受力方向相同，取正值。

当混凝土环的收缩受到来自钢环的约束时，混凝土环对钢环产生一个径向压力 p，混凝土环同时受到来自钢环的反作用力 p。试验的测量值只有钢环的受压缩应变。通过钢环受压缩应变解析出混凝土环的环向拉应力计算模型，如图 3.18 所示。

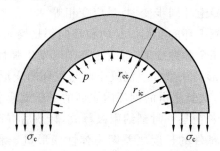

图 3.18　混凝土的环向拉应力计算模型

混凝土环内外表面的环向拉应力之差在 10% 以内，而且钢环对混凝土环的径向压应力也不超过混凝土环向拉应力的 10%。因此，可以假定混凝土环形试件受到均匀的环向拉力的作用，混凝土环在整个截面内所受到的拉应力可以近似视为均匀的。平均拉应力计算如下所示。

设混凝土环形试件的高度为单位 1，钢环与混凝土环的内力平衡关系可以写为

$$2\sigma_c \cdot h_c = \int_0^{180°} pr_{ic}\,\mathrm{d}\alpha$$

$$\sigma_c = \frac{pr_{ic}}{h_c} \tag{3.2}$$

式中 σ_c—— 混凝土环的拉应力；

p—— 混凝土与钢环之间的径向压应力；

r_{ic}—— 混凝土环的内圆半径；

h_c—— 混凝土环的厚度，$h_c = r_{ec} - r_{ic}$。

类似地，钢环的环向压应力可表述为

$$\sigma_{st} = E_{st} \cdot \varepsilon_{st} = \frac{pr_{es}}{h_{st}} \tag{3.3}$$

式中 E_{st}—— 钢环的弹性模量（200 GPa）；

r_{es}—— 钢环的外圆半径，与混凝土环的内圆半径相等；

ε_{st}—— 钢环的压缩应变；

h_{st}—— 钢环的厚度。

从式（3.3）中解出 p，将其代入式（3.2），可得到混凝土的环向拉应力：

$$\sigma_c(t) = \frac{E_{st} \cdot h_{st}}{h_c}\varepsilon_{st}(t) \tag{3.4}$$

式（3.4）所得到的计算值可以理解为混凝土环在整个截面内的平均拉应力。根据图 3.15 所示的数据，计算得到混凝土的拉应力，如图 3.19 所示。

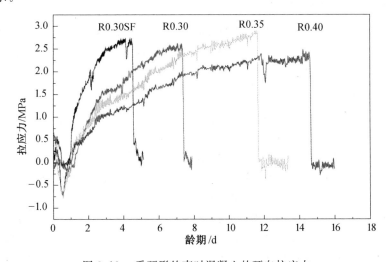

图 3.19 受环形约束时混凝土的环向拉应力

但混凝土环的破坏取决于混凝土环内拉应力的峰值,而非平均值。同时考虑到用钢环内侧的压缩应变作为钢环的平均压缩应变也会造成一定的误差。因此,实际导致混凝土在约束条件下开裂的应力的峰值应在计算值的基础上乘以一个大于 1 的系数。

为了进一步解析混凝土在有约束时在自生拉应力作用下的力学行为,在制备环形约束试件的同时,制备用于测量混凝土弹性模量的试件,并与环形试件同条件养护,以一定的时间间隔测量混凝土的弹性模量。根据计算得到的混凝土的平均拉应力和弹性模量便可计算混凝土的弹性变形。

$$\varepsilon_{ec}(t) = \frac{\varepsilon_c(t)}{E_c}$$

式中　　$\varepsilon_{ec}(t)$——混凝土的受拉弹性变形;

　　　　E_c——混凝土的弹性模量。

自由收缩试验与约束收缩试验同时进行,把连续测得的混凝土条形试件的自由收缩应变 $\varepsilon_{sh}(t)$、钢环与混凝土环的同步应变 $\varepsilon_{st}(t)$ 及计算得到的弹性应变 $\varepsilon_{ec}(t)$ 代入式(3.1),便可求得混凝土的拉徐变。

根据以上的数学模型,就可以依据试验所得的相关数据计算任一时刻混凝土试件的弹性变形和徐变。把约束状态下混凝土的弹性变形和徐变明确加以区分是深入研究混凝土早期流变性能、建立混凝土早期的流变模型、预测混凝土早期开裂的关键和突破口。

3.2.3　轴向约束

轴向约束也称为线性约束(linear restraint),是指对混凝土条形试件的一维收缩施加轴向约束,测试分析混凝土在约束条件下的自生拉应力及相关力学行为的试验方法。

从已有的文献来看,A. M. Paillere 是最早提出对混凝土试件施加线性约束,对混凝土在约束状态下的力学行为进行研究的学者。试验装置如图 3.20 所示。

试验装置由支架、夹具、拉力指示仪、气压千斤顶及位移传感器等部件组成。加荷装置通过拉力传感器与试件的自由端相连。由位移传感器监控试件自由端的位置变化,通过调整气压千斤顶对试件施加拉力,以确保试件的长度可以与初始长度始终保持一致。试件成型时,整个装置水平放置。待混凝土初步硬化后,拆去外模并使整个装置改为垂直放置。拆模时间对试验结果影响不大,这主要是因为拆模前后试件一直处于约束条件之下。变形和拉力的测量可在混凝土成型后立即开始。对比试件是另一相

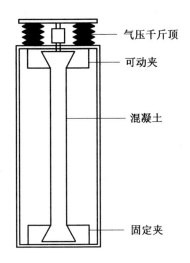

气压千斤顶

可动夹

混凝土

固定夹

图 3.20 混凝土线性约束试验装置

同条件下的自由收缩试件,通过比较自由状态和约束状态下试件的变形情况,分析并计算得出混凝土在完全约束条件下的弹性变形和徐变。

早期的约束试验装置大都是手动控制,通过反复调整外力,使试件的轴向尺寸始终保持与原始尺寸相同,但做到这一点并不容易。之后,国内外学者分别对轴向约束试验装置进行了改进。较为有代表性的是 Konstantin Kovler 所设计的用于轴向约束收缩试验的测试系统,如图 3.21 所示。

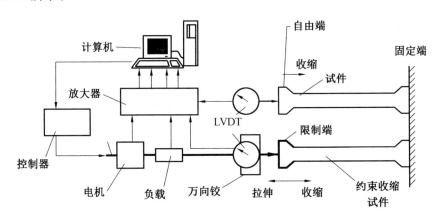

图 3.21 用于轴向约束收缩试验的测试系统原理图

试件截面尺寸多采用 40 mm×40 mm,有效长度为 1 000 mm。自由收缩和约束收缩试验平行进行。试验时,自由收缩试件一端固定,另一端可以自由移动,自由端的位移由专用的位移传感器来监控其尺寸变化。约束收缩试件一端固定,另一端与机械补偿系统通过一个万向铰相连接,当自由端因混凝土收缩而发生移动,并达到系统设定的临界值(5 μm)时,机械系统启动,通过机械系统对试件施加拉力,使自由端还原至初始位置,以保证混凝土试件的长度始终与原始长度保持一致。对自由端进行牵拉恢复原始长度的过程中以步进电机作为对混凝土施加拉力的动力来源。所施加的拉力通过拉力传感器测量并记录,以实现对混凝土试件的完全约束。整个系统实现了全自动闭环控制,测量更精确,对试件加荷更温和、更及时。国内外其他学者也制作了相似的约束试验系统,试验原理基本相同。

在以上机制的作用下,混凝土试件的长度(单位为 μm)在原始长度 L 及($L-5$)之间变化,平均长度小于原始长度,为了实现所谓的"完全"约束,可以把还原试件长度的操作设定为大于原始长度 3 μm,使试件长度保持在($L\pm3$) μm 的范围内。

图 3.22 中自由收缩的测量相对简单,自由收缩的测量是整个试验的基础。在约束收缩试验中,由于设备刚度的原因,伴随着试件的收缩,约束装置受到压缩,因此试件的长度也随之有微小的变化。每个恢复循环包括两个过程:① 当试件的自由端沿试件收缩方向的位移超过 3 μm 时,启动机械系统增加对试件的拉力,使可移动端恢复到初始位置并继续拉长 3 μm,以保证试件在整个试验过程中的平均长度与初始长度相同。在这一过程中试件的瞬时变形可以认为是纯弹性变形;② 收缩和徐变继续发展,当可移动端发生的位移再次达到位移控制值时,再次加大轴向的外力,进入下一个补偿循环。随着龄期的延长,完成循环所经历的时间增加。

《混凝土外加剂应用技术规范》(GB 50119—2013)规定了补偿收缩混凝土的膨胀率及干缩率的测定方法:试模规格为 100 mm × 100 mm × 400 mm,试件全长为 355 mm,其中混凝土部分为 100 mm × 100 mm × 300 mm,试件中间埋入一个纵向限制器具,纵向限制器具使用钢筋和钢板,如图 3.23 所示。

测量仪器为精度 0.001 mm 的专用测长仪器,图 3.24 是混凝土膨胀、收缩测量仪示意图。

3.2.4 平面约束

对混凝土施加平面约束,考察混凝土开裂的情况是研究混凝土抗裂性能的基本思路之一。为了给平板形混凝土试件施加平面约束,国内外学者

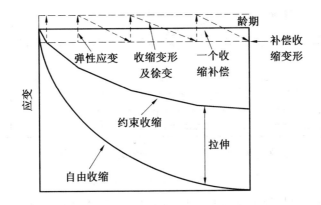

图 3.22　混凝土的约束收缩试验原理

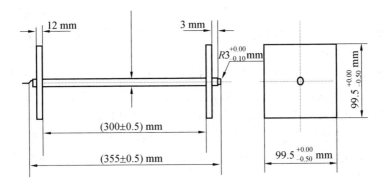

图 3.23　纵向限制器具

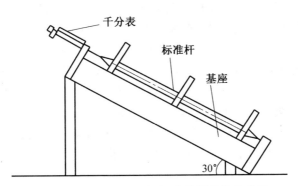

图 3.24　混凝土膨胀、收缩测量仪示意图

曾做过多种尝试。1996 年,加拿大学者 N. Banthia 及其团队设计了图 3.25 所示的混凝土平面约束试验装置。

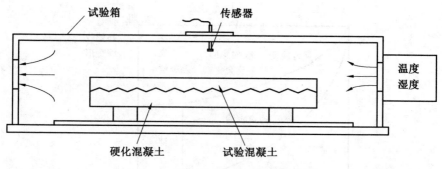

图 3.25 混凝土平面约束试验装置

试验在一块抗压强度为 80 MPa 的混凝土板上进行,板的表面通过部分嵌入的粗骨料增加表面粗糙度。然后,把有待考察的混凝土浇筑于基层的表面,共同放在恒温、恒湿的养护环境中。对表层混凝土的约束全部来自基层的混凝土板。观察混凝土表面是否开裂,开裂时记录开裂的部位、龄期和裂缝宽度。

该试验中,上层新鲜混凝土板偏心受力,试验的结果只能通过肉眼或放大镜观察表层混凝土是否开裂、裂缝的数量和尺寸,而无法得知上层混凝土因受到约束而产生的内部应力和确切的开裂时间。

日本学者笠井芳夫提出了以钢质方框对混凝土施加平面约束的试验方法,作为选用混凝土原材料和配合比时对不同混凝土的抗裂性进行对比,如图 3.26 所示。

试件尺寸为 600 mm×600 mm×63 mm,模具的四边用 10/6.3 不等边角钢制成,每个边的外侧焊有 4 条加强肋,模具四边与底板通过螺栓固定在一起,以提高模具的刚度;在模具每个边上同时焊接(或用双螺栓固定)两排共 14 个 ϕ10×100 mm 螺栓(螺纹通长)伸向模具内。两排螺栓相互交错,便于浇筑的混凝土能填充密实。当浇筑后的混凝土平板试件发生收缩时,四周将受到这些螺栓的约束,在模具底板的表面铺有低摩阻的聚四氟乙烯片材。模具作为试验装置的一个部分,试验时与试件连在一起。

对某一配合比的混凝土,试件数量至少为两个,试件按规定条件养护。试件的平面尺寸与厚度也可根据粗骨料的最大粒径等不同情况而变化。

将试件浇筑、振实、抹平后,可结合工程对象的具体情况选定试件的养

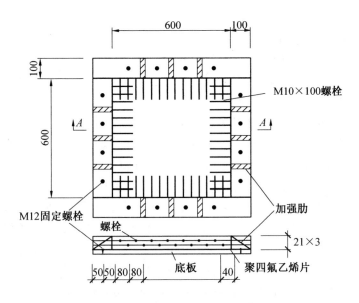

图 3.26 平面约束试验装置①

护方法和试验观察的起始与终结时间及试验过程中的环境条件(温度、湿度、风速),从而评定混凝土包括塑性收缩、干缩和自收缩影响在内的早期开裂倾向。用作抗裂性评价的主要依据为试验中观察记录到的试件表面出现每条裂缝的出现时间尤其是初裂时间、裂缝的最大宽度、裂缝数量与总长等。

试件浇筑后立即用塑料薄膜覆盖,保持环境温度为 30 ℃,相对湿度为 60%;2 h 后将塑料薄膜取下,用风扇吹混凝土表面,风速 8 m/s;记录试件开裂时间、裂缝数量、裂缝长度和宽度。从浇筑起,记录至 24 h。根据 24 h 的开裂情况,计算下列 3 个参数。

(1)裂缝的平均裂开面积:

$$a = \frac{1}{2N} \sum_{i}^{N} W_i \cdot L_i \quad (\mathrm{mm}^2 / \text{根})$$

(2)单位面积的开裂裂缝数目:

$$b = \frac{N}{A} \quad (\text{根} / \mathrm{m}^2)$$

(3)单位面积上的总裂开面积:

---

① 如无特殊说明,本书图例中单位均为 mm。

$$C = a \cdot b \quad (\mathrm{mm^2/m^2})$$

式中　W_i——第 i 根裂缝的最大宽度，mm；

　　　L_i——第 i 根裂缝的长度，mm；

　　　N——总裂缝数目，根；

　　　A——平板的面积，$A = 0.36\ \mathrm{m^2}$。

试件早期的抗裂性能可参考以下 4 个方面进行评价：① 仅有非常细的裂纹；② 平均裂开面积 $<$ 10 $\mathrm{mm^2}$/ 根；③ 单位面积的开裂裂缝数目 $<$ 10 根 /$\mathrm{m^2}$；④ 单位面积上的总裂开面积 $<$ 100 $\mathrm{mm^2/m^2}$。

按照上述 4 个准则，将抗裂性划分为 5 个等级：① I 级，全部满足上述 4 个条件；② II 级，满足上述 4 个条件中的 3 个；③ III 级，满足上述 4 个条件中的两个；④ IV 级，满足 4 个条件中的一个条件；⑤ V 级，4 个条件中一个也不满足。

上述试验方法和步骤主要用来比较混凝土在早期塑性收缩下的抗裂性。如果延长覆盖养护时间，这时的裂缝可能还会更多地反映干缩和自收缩的影响。在以上的抗裂性评价中，未能将出裂时间作为主要的指标考虑，可能是一个缺陷。

平面约束收缩试验影响因素较多，试验结果对试件尺寸、材料特性、配筋的情况、环境状况等的依赖性很大，不利于相互比较及标准化，并且约束程度不可预见，进行精确的理论分析也比较困难。

《普通混凝土长期性能和耐久性能试验方法标准》(GB/T 50082—2009) 推荐了混凝土早期抗裂性能试验装置(图 3.27)，也是基于平面约束的基本思想。本试验方法以尺寸为 800 mm × 600 mm × 100 mm 的平面薄板型试件为标准试件，每两个试件为一组。混凝土骨料最大粒径不应超过 31.5 mm。采用钢制模具，模具的四边用槽钢焊接而成，模具四边与底板通过螺栓固定在一起。模具内的应力诱导发生器有 7 根，分别用 50 mm×50 mm、40 mm×40 mm 角钢与 5 mm ×50 mm 钢板焊接组成，并平行于模具短边与底板固定。底板采用不小于 5 mm 厚的钢板，并在底板表面铺设聚乙烯薄膜隔离层。模具作为测试装置的一个部分，测试时应与试件连在一起。

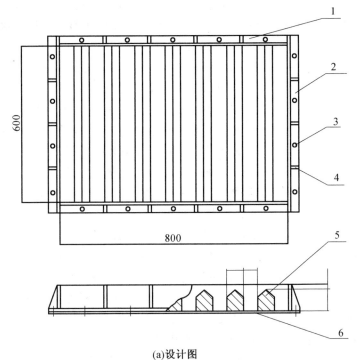

(a)设计图

1，2—槽钢；3—螺栓；4—槽钢加强肋；5—裂缝诱导器；6—底板

(b)实物图

图 3.27 混凝土早期抗裂性能试验装置

　　试验在恒温恒湿室进行,室温为(20 ± 2) ℃,相对湿度为(60％ ±
5％);将混凝土浇筑至模具内,混凝土摊平后表面应比模具边框略高,使用
平板表面式振捣器或者采用捣棒插捣,控制好振捣时间,防止过振和欠
振。在振捣后,用抹刀整平表面,使骨料不外露,表面平实。试件成型
30 min 后,应立即调节风扇,使试件表面中心处风速为 5 m/s。用电风扇
直吹试件表面,风向平行于试件表面。从混凝土搅拌加水开始起算时间,
到24 h 测读裂缝。裂缝长度以肉眼可见裂缝为准,用钢直尺测量其长度,
取裂缝两端直线距离为裂缝长度。应测量每条裂缝的长度。当一个刀口
上有两条裂缝时,可将两条裂缝的长度相加,折算成一条裂缝。裂缝宽度
用放大倍数至少 40 倍的读数显微镜(分度值为 0.01 mm)测量,应测量每
条裂缝的最大宽度。根据混凝土浇筑24 h 后测量得到裂缝数据,计算平均
开裂面积、单位面积的裂缝数目和单位面积上的总开裂面积。

　　该试验方法只有在混凝土试件开裂的前提下才能对混凝土在约束条
件下的开裂性能进行有效的评价。对于未发生开裂的混凝土,并不能说明
其用于工程中就没有开裂的风险。实验室经常有混凝土试件按照标准的
试验方法进行试验,混凝土表面并没发生任何开裂,但用于工程后仍有开
裂现象发生。这一方面说明对于工程中施工条件的复杂性,实验室不能完
全准确地模拟;另一方面也说明该试验方案存在缺陷,不能准确评价混凝
土的开裂风险。

第4章 尺寸稳定性的影响因素

混凝土的尺寸稳定性受多种因素的影响,系统分析不同因素对混凝土尺寸稳定性的关系,有助于采取必要的技术措施,维持混凝土的尺寸稳定性以满足工程需要。

4.1 组成材料的影响

4.1.1 水泥品种、矿物组成及细度

1. 水泥品种

本书所说的水泥品种是指硅酸盐系水泥的六大水泥品种,即硅酸盐水泥、普通硅酸盐水泥、矿渣硅酸盐水泥、火山灰硅酸盐水泥、粉煤灰硅酸盐水泥、复合硅酸盐水泥。水泥品种对尺寸稳定性的影响体现在水泥混合材料的种类及用量。与硅酸盐水泥相比,普通硅酸盐水泥的混合材料比例较小,总体尺寸稳定性差别不大。相对地,硅酸盐水泥所含熟料矿物高于普通硅酸盐水泥,在塑性阶段,参与反应的熟料矿物的量大于普通硅酸盐水泥参与反应的熟料矿物的量,化学反应迅速,所表现出的化学减缩的量大于普通硅酸盐水泥化学减缩的量,塑性收缩值大于普通硅酸盐水泥的塑性收缩值。用体积法测得的混凝土的塑性收缩结果如图 4.1 所示。

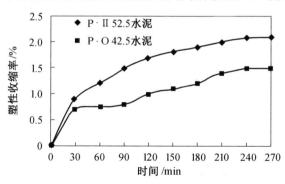

图 4.1 不同品种水泥混凝土的塑性收缩率

　　进入硬化期后,硅酸盐水泥的强度发展快于普通硅酸盐水泥的强度发展,其收缩的发展速度也快于普通硅酸盐水泥收缩的发展速度。

　　大量加入混合材料的其他水泥所体现出的尺寸稳定性有不同的特点,这与硅酸盐水泥外加矿物掺合料时所表现出的尺寸稳定性是一致的,将在4.1.2节中进行讨论。

2. 矿物组成

　　水泥水化是混凝土产生收缩的最根本原因,在不考虑混凝土失水时,水泥的水化反应产生的化学减缩是造成塑性收缩的最重要原因。

　　水化反应消耗水分的直接结果是混凝土内部相对湿度的降低,产生自干燥收缩。在不考虑失水时,水泥水化是导致混凝土干燥的唯一原因,水泥矿物对水的消耗量决定了混凝土自干燥作用的程度。

　　由水泥矿物的水化过程可知,单位质量的水泥矿物 C_3S、C_2S、C_3A、C_4AF 各自的水化需水量见表4.1。

表 4.1　单位质量水泥矿物的水化需水量

矿物	水化需水量
C_3S	0.237
C_2S	0.209
C_3A	1.733
C_4AF	0.259

　　由表4.1可以看出,单位质量的 C_3A 的水化用水量远大于其他三种矿物的水化用水量。C_3S 的水化需水量较 C_2S 的水化需水量高约10%,单位质量 C_4AF 的水化需水量最小。由此可以看出,当水泥中 C_3A 的含量偏高时,将明显增大水泥水化所需水量,对于某一特定的混凝土来说,C_3A 的含量越高,将加剧混凝土的自干燥效应,也必将导致自干燥收缩的增大。C_3S和 C_2S 的相对含量也影响着水泥浆总的水化需水量,C_3S 的高含量将提高水泥水化的需水量,自干燥作用将导致收缩的增大。

　　日本学者在研究不同矿物成分的水泥的自收缩后,对自收缩与矿物成分的质量分数之间的关系进行了回归分析,得出以下关系式:

$$\varepsilon_{as}(t) = -0.012\alpha_{C_3S}(t) \cdot w(C_3S) - 0.07\alpha_{C_2S}(t) \cdot w(C_2S) +$$
$$20\,256\alpha_{C_3A}(t) \cdot w(C_3A) + 0.589\alpha_{C_4AF}(t) \cdot w(C_4AF)$$

式中　　$\varepsilon_{as}(t)$——水泥浆的自收缩;

　　　　$\alpha(t)$——不同矿物的水化程度;

　　　　w——某种矿物的质量分数,%。

式中,C_3A 和 C_4AF 的符号为正,表示随着两者含量的提高,自收缩增大;而 C_3S、C_2S 相应的符号为负,表示随着两者含量的增大,自收缩减小。计算结果与实测结果基本一致,其他矿物类同。

中国建筑材料科学研究总院的肖忠明老师依据行业标准《水泥早期抗裂性试验方法》(JC/T 2234—2014)对不同矿物组成的水泥的抗裂性能进行了深入研究,并利用多元线性回归,分析了熟料矿物组成的影响及权重,回归得出的矿物组成与开裂时间的关系如下:

$$y = -886w(C_3A) + 176.35w(C_2S) - 213w(C_3S) - 1\,908w(R_2O) + 17\,616.1$$

式中　　y —— 水泥试体出现开裂的时间,min;

　　　　w —— 水泥各矿物的质量分数,%;

由上述表达式可以看出,在考察的 4 种矿物组成中,R_2O、C_3A、C_3S 加速浆体开裂,C_2S 推迟浆体的开裂;在加速浆体开裂的因素中,对开裂时间的影响由大到小依次是 R_2O、C_3A、C_3S。对开裂影响最为明显的是碱含量,熟料中每增加 0.1% 的 R_2O,出现开裂的时间提前 32 h;影响居第二位的是 C_3A,每增加 1% 的 C_3A,出现开裂的时间提前 14.8 h;影响居第三位的是 C_3S,每增加 1% 的 C_3S,出现开裂的时间提前 3.6 h。

碱是影响混凝土抗裂性能的最重要因素。碱含量的提高使水泥水化加快,化学减缩增加,早期收缩增大,这一现象已得到了国内外学者的一致认同。水泥水化的加快使水化热释放速率加快,早期水化热增加从而使早期的温度应变。即使水泥的水化速率和自由收缩值相同,碱也使混凝土的抗裂性能明显下降。因此,低碱水泥有良好的抗开裂性能,特别是当碱当量 $[w(R_2O) = w(Na_2O) + 0.658w(K_2O)]$ 低于 0.6% 时,抗裂性大幅提高。

所有的研究结果均把 C_3A 作为影响水泥混凝土收缩开裂的重要因素。一方面,C_3A 水化速率最快,放热量最大,化学减缩最大,干缩变形最大,不仅造成混凝土自收缩大和干缩大,还使温度效应加剧,增大了水泥混凝土出现开裂的可能性。考虑到在有石膏存在的条件下,如果再得到充分的湿养护,C_3A 水化可以生成导致体积膨胀的钙矾石类物质,不同研究者对矿物组成对收缩和开裂的影响程度的排序有所区别。

水泥水化是一个放热的过程。水化热导致的混凝土自身温度的升高也是造成混凝土尺寸稳定性不良的重要原因。从水化热释放的角度,不同水泥矿物成分的放热量不同,且释放速率存在较大差别。水泥不同矿物成分在不同龄期的放热量见表 4.2。

表 4.2 水泥不同矿物成分在不同龄期的放热量

矿物	放热量 /(kJ·kg^{-1})		
	3 d	28 d	180 d
C_3S	410	477	507
C_2S	80	184	222
C_3A	712	846	913
C_4AF	121	201	306

在某一龄期 t，水泥水化所产生的热量可根据下式计算：

$$Q(t) = a_t \cdot C_3S + b_t \cdot C_2S + c_t \cdot C_3A + d_t \cdot C_4AF$$

式中　　$Q(t)$——t 天的水泥水化热值，kJ/kg；

　　　　a_t, b_t, c_t, d_t——水泥中各矿物在 t 天内的水化热值。

需要说明的是，不同的研究者所得到的水化热结果存在一定差异，这里采用了朱伯芳先生的研究结论。

从以上计算结果可以得到不同矿物组成的水泥的水化热释放量。可以看出，C_3A 和 C_3S 仍然是对水泥水化热的大小起决定作用。C_3A 与 C_3S 多的水泥，水化热大，发热速率快。因此，美国材料试验学会在中热波特兰水泥标准中明确限制 C_3S 与 C_3A 含量之和小于 58%，此时可以不要求水化热试验。我国在中热硅酸盐水泥标准中规定，熟料中的 C_3A 不得超过 6%，C_3S 不得超过 55% 无疑是有必要的。

水泥的矿物组成不仅影响到水泥水化热的总量，同样也影响着水化热的释放速率。C_3A 与 C_3S 不仅水化热释放量大，且释放速率高，主要集中在混凝土强度较低、较脆弱、易开裂的早期。朱伯芳先生用"半熟龄期"（混凝土绝热温升、弹性模量、强度和极限拉伸达到最终值一半时的龄期）来评价混凝土成熟的速度，半熟龄期小，表示混凝土的水泥水化作用发展迅速，绝热温升、强度等均发展得快。对于抗裂要求较高的混凝土，其半熟龄期要适当延长。

工程中由于片面追求经济效益，盲目追求施工进度，因此混凝土生产企业迎合了建筑企业的市场需求，大量使用早强型水泥。

3. 细度

水泥的细度增大可以显著提高水泥的水化活性，加快水化速率尤其是早期的水化速率，最终水化程度提高。因此提高水泥的细度可以取得较高的早期强度，对加快工程进度、缩短工期是有利的。但比表面积的增大也随之带来了混凝土尺寸稳定性方面的问题，即伴随更快速、更大程度的水化反应所产生的更大的塑性收缩、自收缩或干缩。水泥的细度对混凝土塑性收缩的影响规律如图 4.2 所示。

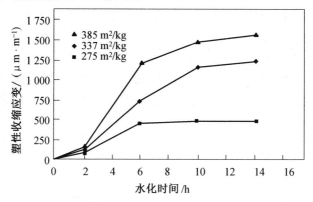

图 4.2 水泥细度对混凝土塑性收缩应变的影响规律

对于水灰比为 0.35 的混凝土,当水泥细度(S)分别为 275 m^2/kg、337 m^2/kg、385 m^2/kg 时,其 10 h 的早期塑性收缩分别为 486 $\mu m/m$、1 142 $\mu m/m$、1 486 $\mu m/m$,由此可见,比表面积的增大使混凝土的塑性收缩增大明显。随着混凝土的硬化,塑性收缩结束,体积的变化变为其他形式的收缩。

水泥比表面积的增加增大了水化热的释放速率和早期单位质量水泥水化热的释放量,使混凝土结构内外温差加大,提高了混凝土硬化早期因温度变化导致开裂的可能性。

水化速率的提高加剧了混凝土早期的自干燥,增大了混凝土在硬化早期的自收缩和干缩,且自收缩和干缩的产生速度加快,尤其是高强度等级混凝土更为明显。因此建议水泥的比表面积不宜大于 350 m^2/kg。

另外,比表面积只是一个综合的指标,并不能反映水泥的颗粒级配。现代水泥生产工艺中普遍由开路磨改为了闭路磨,增加了高效选粉工艺,使水泥的颗粒分布集中、粗颗粒缺乏、缺乏的颗粒用细骨料又无法弥补,造成颗粒级配不合理,用水量增大。在相同比表面积的情况下,开路磨的水泥颗粒级配显然好于闭路磨的水泥颗粒级配。

4.1.2 矿物掺合料的品种及用量

矿物掺合料作为现代混凝土胶结料的重要组成部分,对混凝土尺寸稳定性的影响不容忽视,常用的矿物掺合料包括粉煤灰、硅灰、粒化高炉矿渣粉、石灰石粉及偏高岭土等。

1. 粉煤灰

关于粉煤灰对混凝土收缩的影响,众多学者进行过大量的试验研究,当以等量的粉煤灰取代水泥时,混凝土在各龄期的化学收缩、自收缩和干缩都有不同程度的减小。

首先,加入粉煤灰(fly ash,FA) 意味着熟料矿物的减少,水化初期发生化学反应的物质的量减少,化学收缩也相应减小,尽管后期存在活性材料的二次水化,总的化学收缩小于纯水泥的化学收缩的量,如图 4.3 所示(由体积法测得)。

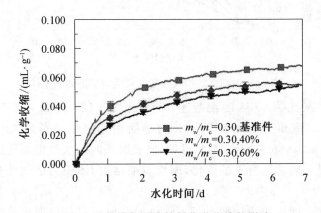

图 4.3　粉煤灰对胶结料化学收缩的影响

Zhao Hui 在大流动性自密实混凝土的研究中考察了粉煤灰对混凝土干缩的影响,试验中保持胶结料总用量为 460 kg/m³,水胶比均为 0.35,分别以20%、30%、40% 等质量地取代水泥。试件在实验室条件下养护 1 d 拆模,并读取试件尺寸的初值;然后将其放置在控制温度为 20 ～ 25 ℃,相对湿度为50% ～ 55% 的环境中,分别在 1 d、4 d、7 d、15 d、28 d、56 d、90 d、112 d 测量试件尺寸的变化,所得试验结果如图 4.4 所示。

加入粉煤灰后,各龄期总的收缩呈现减小的趋势,由于胶结料的总量保持不变,因此当粉煤灰用量增大时,相应的水泥用量减少。早期参与化学反应水泥的量减少,使化学减缩量减小。另一方面,水泥量的减少使混凝土内部自干燥作用减弱,自干燥收缩的量也相应地减小。以粉煤灰等质量取代水泥,对于混凝土在各龄期的收缩都减小这一结论研究人员基本是没有异议的,其他研究者也得出了相似的结论。

2. 硅灰

对于高强度混凝土,硅灰(Silica fume,SF) 的加入将导致自收缩增大。以不同掺量加入硅灰后,水泥净浆的自收缩发生变化,如图 4.5 所示。

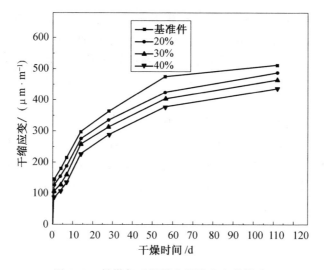

图 4.4　粉煤灰对混凝土干缩应变的影响

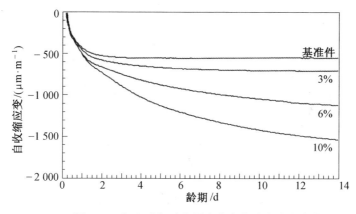

图 4.5　加入硅灰后水泥净浆自收缩应变的变化

硅灰作为高活性成分,易与以 Ca(OH)₂ 为代表的碱性物质发生反应,加剧水泥浆自干燥的程度。同时,硅灰的加入使生成的凝胶类水化产物的量增多,使孔结构细化,增大了对收缩起主要作用的微孔含量。因此,加入硅灰的高强度混凝土往往更易开裂。

3.粒化高炉矿渣粉

磨细粒化高炉矿渣(矿渣粉)是在混凝土中普遍使用的矿物掺合料之一。矿渣粉对混凝土尺寸稳定性的影响一直存在较多的争议。如果研究条件不同,甚至会得出相反的结论,较多的试验研究结论认为,加入矿渣粉后混凝土的收缩是增大的,但也有相当一部分的试验结论认为加入矿渣粉后混凝土的收缩是减小的。研究人员普遍认为,加入矿渣粉后,混凝土的保水性受到了一定影响,泌水率增大,泌水的蒸发本身也是混凝土总物质的量的损失,泌水量伴随着混凝土塑性收缩及总收缩的增大是容易理解的。

在冯仲伟先生的试验结果中,当其他条件都相同,仅是矿渣粉以不同比例取代水泥,得到的混凝土的干缩应变均是增大的。由于试验是在 1 d 拆模、标准养护 3 d 后开始测的,因此已经排除了泌水造成的影响,从 4 d 后开始测混凝土的干缩应变,掺入矿渣粉后混凝土的干缩应变仍然是增大的,如图 4.6 所示。

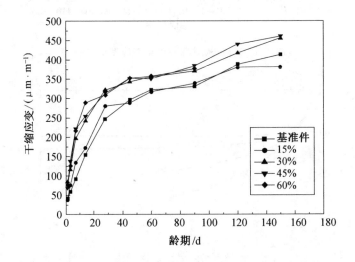

图 4.6　粒化高炉矿渣粉对混凝土干缩应变的影响

另外,加入矿渣粉后,混凝土的尺寸稳定性对温度更为敏感,温度越高,混凝土所表现出的自由收缩越大,如图 4.7 所示。图示为配合比相同、水胶比为 0.50 的掺矿渣粉混凝土在不同温度条件下的收缩表现,其中 B10 表示控制环境温度为 10 ℃,相对湿度为 40%;B20 和 B30 分别表示控制环境温度为 20 ℃ 和 30 ℃,相对湿度均为 60%。试验结果表明,在较高温度下可表现出更大的收缩变形。其原因在于矿渣的活性在较高温度条件下更容易被激发,参与反应的程度更高,微细的凝胶孔含量更多,孔结构更加细化,在失水时表现出更大的收缩变形。

而 Zhao Hui 在大流动性自密实混凝土尺寸稳定性的研究中,分别以

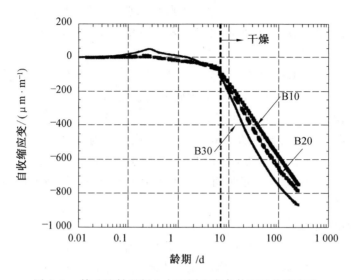

图 4.7　掺矿渣粉混凝土在不同温度条件下的收缩表现

20％、30％、40％的矿渣粉(GGBFS)等质量取代水泥,试验中以保持胶结料总用量为 460 kg/m³,水胶比均为 0.35 并保持不变。试件在实验室条件下养护 1 d 拆模,并读取试件尺寸的初值。然后放置在控制温度为 20 ～ 25 ℃、相对湿度为 50％ ～ 55％的环境中,分别在 1 d、4 d、7 d、28 d、56 d、90 d、112 d 测量试件尺寸的变化,得到的试验结论却相反,如图 4.8 所示。

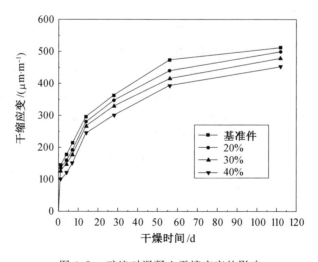

图 4.8　矿渣对混凝土干缩应变的影响

从 1 d 龄期开始测得的混凝土的收缩试验结果来看,在加入矿渣粉后混凝土的干缩是减小的,而且随着加入矿渣量的增大,收缩减小的幅度也增大。

矿渣粉作为胶结料的一部分加入混凝土,只是与硅酸盐类熟料矿物水化生成的 $Ca(OH)_2$ 反应,生成水化硅酸钙凝胶,即二次反应。这一反应在混凝土的硬化早期并不占主导,发生的速度慢、程度低,自干燥作用比较弱,在失水干燥及自干燥的双重作用下,其内部相对湿度降低的程度并不会因为加入了矿渣粉而加剧。因此,在排除了塑性阶段因泌水造成的水分损失的因素以外,硬化后的混凝土因加入了矿渣粉而收缩增大这一现象是无法解释的。

4. 石灰石粉

石灰石粉在水泥混凝土行业一直是作为惰性混合材料使用的,水泥厂为了调整水泥的强度等级并降低成本常加入一定量的石灰石粉。一直以来,在混凝土的制备过程中石灰石粉是被限制的。为了保证混凝土的质量,常限制石子骨料中的石灰石粉含量不高于某个限值。

近年来,石灰石粉作为混凝土掺合料的研究和应用悄然兴起。众多学者普遍认为在胶结料中加入石灰石粉可以改善混凝土的流变性能,降低用水量。对硬化过程中及硬化后混凝土性能的影响也仅限于物理作用层面,至于有学者认为能够参与化学反应生成新的矿物相还缺乏足够的动力学理论基础。

关于对尺寸稳定性的影响研究有两种结论。一种认为在混凝土中加入石灰石粉能够减小混凝土的收缩;另一种研究结果却认为加入石灰石粉后混凝土的收缩是增大的。形成这种结果的原因是不同研究者所采取的试验方案不同,没有可比性。汪丕明先生及其团队用相同的一组配合比方案,仅以一定比例的石灰石粉取代细骨料,考察石灰石粉的应用对混凝土尺寸稳定性的影响,混凝土配合比信息见表 4.3。

表 4.3　混凝土配合比信息

kg/m³

混凝土	水泥	粉煤灰	矿粉	砂	碎石	水	外加剂
C	240	75	75	765 (河砂)	1 056	180	9.8
C-4%	240	75	75	765 (人工砂)	1 056	180	9.8

续表4.3

混凝土	水泥	粉煤灰	矿粉	砂	碎石	水	外加剂
C－6%	240	75	75	765 (人工砂)	1 056	180	9.8
C－8%	240	75	75	765 (人工砂)	1 056	180	9.8
C－10%	240	75	75	765 (人工砂)	1 056	180	9.8

其中,C－4%意指在细骨料中含有4%的石灰石粉,其他类同。用两种不同的外加剂得出了同样的规律,即在不改变其他参数的情况下,以石灰粉取代细骨料后,混凝土的干缩应变是增大的,如图4.9所示。

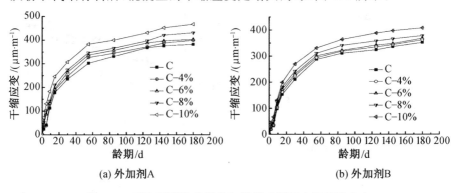

(a) 外加剂A　　　　　　　　(b) 外加剂B

图 4.9　石灰石粉取代部分细骨料后混凝土的干缩应变

试验结果显示,以石灰石粉取代细骨料后,混凝土的干缩应变有不同程度的增大,取代量越高,收缩增加的幅度越大。不同的外加剂对收缩也有一定影响。

造成这一结果的原因:一方面,石灰石粉的加入使浆体体积增大,骨料的体积减小。混凝土的收缩是由浆体的收缩引起的,浆体体积越大,收缩越大。这一点与浆骨比对混凝土收缩的影响规律是相同的;另一方面,石灰石粉的加入使有效水胶比降低,改变了水泥浆的孔结构,使毛细孔细化,蒸发相同水分使硬化浆体受到的毛细孔压力增大,从而增加混凝土的干缩应变值。

上述方案中,相当于把石灰石粉作为细骨料来看待,石灰石粉的加入客观上增加了胶结料的量,而减少了骨料的量。而另有学者在考察石灰石粉对混凝土尺寸稳定性的影响时分别用 15% 和 25% 的质量比例取代水泥，在取代前后保持胶结料的总量不变。由于石灰石粉加入后，需水量减小，相应的用水量减少了，客观上减小了水胶比，因此在取代水泥前后混凝土强度近似相等。对胶结料用量为 340 kg/m³，28 d 抗压强度约 40 MPa 的中等强度的混凝土干缩进行测试，如图 4.10(a) 所示，其中 A1、A2、A3 分别为纯水泥胶结料和石灰石粉取代水泥 15% 和 25% 的复合胶结料混凝土的干缩。对胶结料用量为 450 kg/m³，28 d 抗压强度约 72 MPa 的高强度混凝土 7 d 的自收缩进行测试，如图 4.10(b) 所示，其中 B1、B2、B3 分别为纯水泥胶结料和石灰石粉取代水泥 15% 和 25% 的复合胶结料混凝土的自收缩。干缩试验参照国家标准 GB/T 50082—2009 进行，自收缩试验时，混凝土成型后即做了密封处理并开始测试，直至 7 d 龄期。

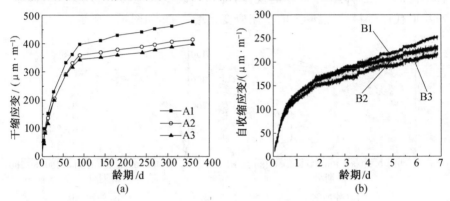

图 4.10　石灰石粉取代水泥后混凝土的干缩应变和自收缩应变

　　试验结果显示，以石灰石粉取代水泥后，混凝土的干缩应变和自收缩应变都有不同程度的减小，取代百分数越高，收缩减小的幅度越大。分析其原因，发现石灰石粉取代水泥时，胶结料的总量保持不变，由于其需水量低，为保持相同的流动性，用水量降低，因此总的浆体体积有所减小，浆骨比降低，对减小收缩是有利的。即使不减少用水量，由于石灰石粉属于惰性材料，混凝土内部的自干燥作用较弱，收缩也会小于纯水泥混凝土。

　　上述试验结果不一致的原因在于试验是在不同的条件下进行的，因此可以得出初步结论：当水和水泥量不变、外掺石灰石粉时，粉料的增加导致浆体体积增大和水胶比减小，收缩呈现增大的趋势，加入量越大，收缩增大得越明显；当石灰石粉加入取代水泥时，胶结料的总量保持不变，浆体体积基本保持不变，或者减小用水量使浆体体积略有减少、水胶比略有增大时，混凝土的收缩是减小的。加入石灰石粉后混凝土的尺寸稳定性与试验条件紧密相关。

5.偏高岭土

偏高岭土(metakaolin,MK)是一种高活性的人工火山灰材料,是由高岭土在适当温度(540～880 ℃)下脱水而得到的铝硅酸盐,其分子结构属于一种无序排列,呈热力学介稳状态,因此,具有较强的火山灰活性,其本身不具有水硬性,但可与 Ca(OH)$_2$ 等碱性物质发生反应,生成具有胶凝性质的水化产物。

偏高岭土对砂浆或混凝土收缩的影响已经有多年的研究,当以相同的胶结料用量和水胶比,仅以不同比例的偏高岭土取代水泥时,参考国家标准GB/T 50082—2009 建议的试验条件,测得的干缩试验结果也基本相同。如图 4.11 所示,对纯水泥及分别以 5%、10%、15% 的偏高龄土取代水泥的标准胶砂试件进行干缩试验。

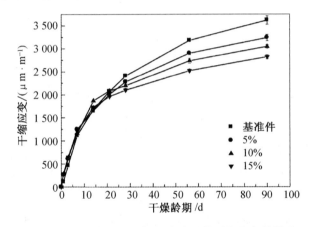

图 4.11　偏高岭土对标准胶砂试件干缩应变的影响

试验结果显示,1 d 拆模,并在水中预养护 3 d 的所有浆体,14 d 前干缩应变均迅速增大,加入偏高岭土的试件的干缩略大于参比样的干缩。不同偏高岭土掺量的试件的收缩差别不大;21 d 后,加入偏高岭土的试件的干缩应变增长变缓,相对的基准件的干缩应变仍保持较大的增长,其结果是21 d 含偏高岭土的试件的干缩应变小于参比试件的干缩应变。偏高岭土具有减小长期干缩的作用,且偏高岭土含量越大,干缩减小的幅度越大。与基准件相比,偏高岭土掺量分别为 5%、10% 和 15% 的浆体 90 d 的干缩应变分别减小约 5%、16% 和 22%。

以固定的胶结料用量,分别以 6%、12% 的偏高岭土等质量取代水泥制备的混凝土试件也得到了相似的规律,即前 14 d 偏高岭土的加入使混凝土试件的干缩应变略有增大,21 d 后,收缩的增长幅度明显减缓,28 d 后,干缩应变趋于稳定。加入偏高岭土,混凝土总的干缩应变减小。

由此可以得到初步的结论:加入偏高岭土后,砂浆或混凝土前 14 d 的干缩应变略有增大,长期总的干缩应变是减小的。

也有研究人员认为,保持相同的胶结料用量和相同的水胶比,分别以不同的比例等质量取代水泥后,所得各龄期的混凝土的干缩均小于纯水泥试件的干缩。且掺量越大,对干缩的降低幅度越明显。由于采用的试件的配合比方案存在差别,因此取得的试验效果存在一定的区别也是可以理解的。

加入偏高岭土的混凝土的自收缩研究结果显示,偏高岭土的加入在硬化早期使自收缩增大,而在硬化过程的中后期,其自收缩反而小于基准试件的自收缩,与干缩有相似的趋势,如图 4.12 所示。

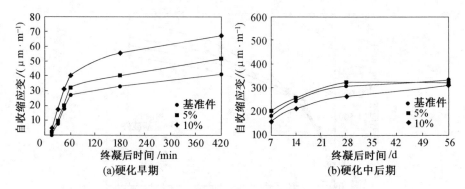

图 4.12　偏高岭土对混凝土自收缩应变的影响

水泥基材料的收缩是湿度变化和化学反应双重作用下的结果,加入偏高岭土后混凝土的收缩表现也与这两方面有关。偏高岭土经过煅烧后脱水,内部呈现多孔结构,且细度和需水量较大。快速冷却得到的偏高岭土具有较高的活性。加入砂浆或混凝土取代水泥后,在水化硬化早期吸收水分,使浆体中的游离水量相对减少,这一点通过新拌混凝土流动性变差这一点就可以得到证实。在自干燥作用或与失水的共同作用下,浆体的内部相对湿度小于纯水泥胶结料的情况,使收缩有增大的趋势。另一方面,偏高岭土的加入使早期参与化学反应的物质的量减少、化学收缩减小,总体表现为早期收缩略高于纯水泥胶结料的情况。而在水化硬化后期,随着内部湿度的进一步降低,偏高岭土吸收的水分得以释放,对浆体内部的干燥起到了一定的缓解作用,使得后期收缩的增加幅度减缓;另外,偏高岭土加入后,熟料矿物的量减少,总的化学收缩的量减小,表现为总体收缩减小。

另外,偏高岭土中的 Al_2O_3 与水泥水化产物反应,有利于含 Al 相水化产物的生成,这类水化产物具有一定的微膨胀作用,对混凝土的收缩具有一定的抑制作用。但钙矾石类水化产物主要在水量充足的硬化早期生成,而在 14 d 以后干缩导致混凝土内部湿度降低,而又无水分补充,偏高岭土对混凝土减缩作用能否归因于钙矾石的生成还有待证实。

总之,在混凝土中掺入适量偏高岭土对改善混凝土的尺寸稳定性是有利的。

4.1.3 骨料品种及性能

正常情况下,骨料并不参与化学反应,在温度不发生变化时,体积也不发生变化,是影响混凝土尺寸稳定性的次要因素。但在混凝土中,骨料体积占混凝土总体积的 $75\% \sim 85\%$,骨料的品种和性能对混凝土的尺寸稳定性的影响也不容忽视。

在体积含量相对固定的条件下,骨料对混凝土尺寸稳定性的影响表现在两个方面:① 在浆体因失水或自干燥作用导致体积收缩时,骨料受到相应的压缩,骨料对尺寸稳定性的影响反映在骨料的可压缩性,即弹性模量的大小;② 骨料的热膨胀系数、吸水性、孔隙率等物理性能也影响到其自身的尺寸稳定性,骨料的尺寸稳定性最终表现为混凝土整体的尺寸稳定性。

研究认为,混凝土收缩的大小还与骨料的体积含量有关。在骨料体积含量相同的情况下,较小弹性模量的骨料导致混凝土较大的收缩。骨料体积含量和弹性模量对混凝土自收缩的影响可以通过相关的数学模型来量化,其中最著名的是 Hobbs 模型:

$$\frac{\varepsilon_c}{\varepsilon_p} = \frac{(1 - V_a)(1 + E_a/E_p + 1)}{1 + E_a/E_p + V_a(E_a/E_p - 1)}$$

式中　　ε_c——混凝土的自收缩应变;

ε_p——水泥浆的自收缩应变;

V_a——骨料的体积分数;

E_a——骨料的弹性模量;

E_p——水泥浆的弹性模量。

从表达式可以得出,骨料的体积含量越大,混凝土与水泥浆的自收缩应变的比值越小;骨料与水泥浆的弹性模量的比值越大,混凝土与水泥浆自收缩应变的比值越小。当水泥浆的性能相对稳定时,骨料体积含量及其弹性模量的大小直接影响混凝土自收缩应变的大小。

对水泥用量为 $453\ kg/m^3$、水灰比为 0.38 的混凝土进行自收缩和干缩测试,如图 4.13 和图 4.14 所示,其中仅以不同弹性模量的骨料作为唯一的变化因素。

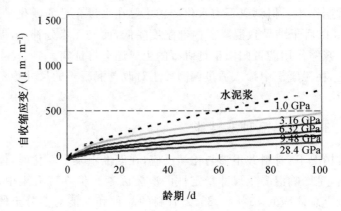

图 4.13 不同品种骨料混凝土的自收缩应变

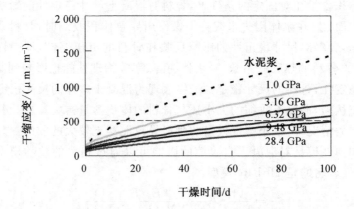

图 4.14 不同品种骨料混凝土的干缩应变

测试结果显示,无论是干缩还是自收缩,收缩的幅度均随着骨料弹性模量的减小而增大。由此可以得出结论,弹性模量较大的骨料有助于提高混凝土的尺寸稳定性。

骨料自身的膨胀系数、吸水膨胀率、干缩率等对混凝土的收缩也产生直接影响。表 4.4 表明,石英岩的线膨胀系数最大,然后依次是砂岩、玄武岩、花岗岩和石灰岩。

表 4.4　骨料的线膨胀系数

骨料种类	线膨胀系数 /(μm·m⁻¹·℃⁻¹)
石英岩	$10.2 \sim 13.4$
砂岩	$6.1 \sim 11.7$
玄武岩	$6.1 \sim 7.5$
花岗岩	$5.5 \sim 8.5$
石灰岩	$3.6 \sim 6.0$

骨料线膨胀系数较大,对混凝土尺寸稳定性的不良影响为:在水泥水化硬化早期,因混凝土水化热的集中释放,混凝土整体温度升高,混凝土往往表现出短期的体积膨胀,在此期间,骨料膨胀系数越大,体积膨胀量越大。当温度降低恢复常温时,混凝土又会发生较大收缩。这一现象也在试验研究中得到了证实。

4.1.4　外加剂

当今混凝土工程中,外加剂作为第五组分被广泛使用,已经成为混凝土不可缺少的组成部分。外加剂对混凝土尺寸稳定性造成的不良影响也被业界高度重视。

1. 减水剂

减水剂是应用最广泛的外加剂之一,一般认为加入减水剂后混凝土的收缩有不同程度的增大。依据标准的试验方法,以水泥净浆试件作为研究对象,每组 3 个试样,试件尺寸为 25 mm×25 mm×280 mm。养护 1 d 后拆模,在标准条件下养护 2 d,测定初长后,移入恒温恒湿室(温度 20 ℃ ± 2 ℃、相对湿度 60% ± 5%)以测试不同龄期时净浆的干缩。对水灰比为 0.3 的水泥净浆试样在掺不同类型减水剂时的收缩率进行测试,如图 4.15 所示。

从图 4.15 可以发现,掺入不同类型的减水剂后,水泥净浆的干缩都有不同程度的增大,而且掺量越大,干缩增大得越明显。

在没有减水剂的条件下,水泥加水后,水泥颗粒之间的静电作用、颗粒表面溶剂化膜层的缔合作用等使水泥浆呈絮凝结构。

根据减水剂作用原理(图 4.16)的经典理论,加入减水剂后,减水剂分子在水泥颗粒表面呈定向排列,使水泥颗粒带相同的电荷,促使水泥颗粒分开,释放出游离水。其结果是原有的粗大孔变成均匀的细小孔。如果不

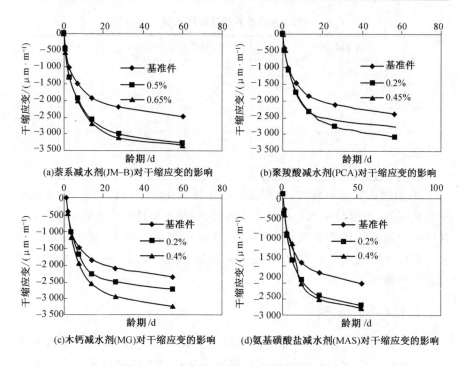

图 4.15　减水剂对混凝土干缩应变的影响

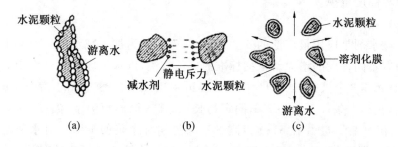

图 4.16　减水剂作用原理示意图

考虑工作性带来的影响,在相同水灰比的条件下,总的孔隙率保持不变,但孔结构发生了较大变化。根据毛细孔压力作用理论,更细小的孔导致毛细孔压力增大,在相同的含水情况下,也必然导致更大的收缩。

　　在不加入减水剂时,水泥颗粒相互吸引形成的絮凝结构使部分水在混凝土内部蓄积且不易形成泌水,在干燥环境中水泥石内部的水分不易失去。絮凝结构中所含游离水相当于一个个小的蓄水池,可以补充周围水泥水化消耗的水分,缓解内部的干燥。加入外加剂后,常导致泌水量增加,表面泌水层消失得晚。随着泌水层的消失,混凝土的塑性收缩增大。混凝土进入硬化期后,由于泌水造成的毛细通道成为混凝土失水的通道,混凝土失水的速率和失水的量增加,使混凝土内部的干燥作用程度加剧。

周富荣的研究结果验证了加入减水剂后失水速率加快、失水量加大这一事实。

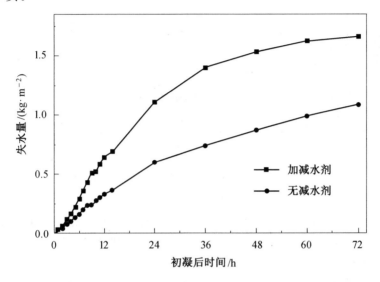

图 4.17　减水剂对混凝土失水速率与失水量的影响

对水泥用量为 352 kg/m³、高效减水剂用量为 0.75% 的混凝土和基准件在 19 ℃±1 ℃,相对温度 45%±5% 时混凝土失水速率和失水量进行测试,如图 4.17 所示。结果显示,加入减水剂后,混凝土失水速率明显加快,前 3 d 总的失水量也明显增加。

2. 缓凝剂

为满足运输及施工浇筑的需要,预拌混凝土生产过程中缓凝剂是复合泵送剂的必要组成部分,在工程中被广泛使用,单独考察缓凝剂对混凝土尺寸稳定性影响的研究较少。有学者经过试验研究认为,加入不同类型的缓凝剂后混凝土的早期收缩均有增大的趋势。

试验用非接触收缩测量仪器,混凝土的配合比保持不变,单位水泥用量为 380 kg/m³,水灰比为 0.5,仅以缓凝剂作为影响混凝土收缩的单一因素。试验采用 100 mm×100 mm×515 mm 的棱柱体试件,每组试件为 3块。试验在温度 20 ℃±2 ℃、相对湿度 60%±5% 的恒温恒湿条件下带模进行测试,每隔 15 min 采集一次数据,试验结果如图 4.18 所示。

对数据分析可见,加入 3 种缓凝剂后,7 d 试件的收缩率比未掺缓凝剂

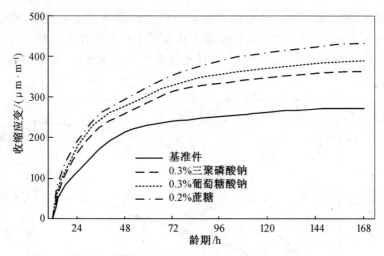

图 4.18　缓凝剂对混凝土早期收缩应变的影响

的基准件的收缩率分别增加了 33.3%、42.9% 和 57.1%。在加入缓凝剂后,混凝土较长时间处于塑性状态,试验测得的塑性收缩部分的比例增加。由于试验是从成型后不久开始的,因此测得的收缩是塑性收缩及早期的干缩之和。

　　另有研究认为,加入缓凝剂后,混凝土的干缩是减小的。加入某型号的缓凝剂后混凝土的收缩是减小的,如图 4.19 所示。

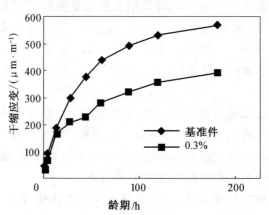

图 4.19　缓凝剂对混凝土干缩应变的影响

　　试验参照标准 GB/T 50082—2009 进行,试件 1 d 拆模,收缩的测量从标准养护 2 d 后开始,与前者试验条件不同,规律不具有可比性。

　　加入缓凝剂后,混凝土的凝结时间延长,在有泌水现象发生时,泌水的时间也相应延长,泌水量也随之增大。在不做密封养护时,泌水量的增加意味着塑性收缩的增大及总收缩量的增大。另外,加入缓凝剂后,水泥的水化进程受到了一定程度的推迟,在这一过程中水泥的水化产物缓慢生成,排列更为有序、尺寸更为均匀,因而硬化水泥石的网络结构更加致密,进而使内部孔隙减少,宏观上提高了混凝土的密实度。这一密实度提高过程的宏观表现为较大的塑性收缩及早期干缩。

由于试验条件的限制,干缩试验所测得的 3 d 后干缩小于未加缓凝剂的情况,试验未包含前 3 d 混凝土体积的变化,因此不能够全面评价缓凝剂对混凝土收缩的影响。

3. 早强剂

加入早强剂的主要目的是为了促进混凝土强度的增长,而对于早强剂对混凝土尺寸稳定性影响的研究则较少。有学者对两种常用的盐类早强剂分别以两种不同掺量加入混凝土中对混凝土的自收缩和干缩进行研究。针对混凝土的早期自收缩,研究认为,加入早强剂后,多数情况下混凝土的自收缩均大于基准件的自收缩。而且,掺量越大,自收缩增大的幅度反而越小,硫酸钠早强剂掺量达到 2% 时,其自收缩与基准件无明显差别,如图 4.20 所示。

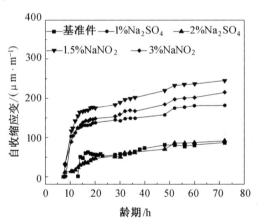

图 4.20　单掺早强剂对混凝土自收缩应变的影响

图 4.20 展示了水灰比为 0.3 时,单掺早强剂后混凝土早期自收缩的发展趋势。加入 Na_2SO_4 后自收缩的增加值较小,甚至当掺量较大时收缩没有明显的变化,可能与硫酸盐的加入生成钙矾石造成体积膨胀有关。

需要说明的是,混凝土加入早强剂后,混凝土早期的水化反应加剧,试件温升明显,早强剂的掺量不同导致温升也不一致,如果没有恰当的手段排除升温膨胀对尺寸变化造成的影响,将对收缩数据的准确测量造成较大的干扰。掺量越高,温升造成的影响越大。当水灰比较大时,自收缩本身不明显,温升造成的膨胀有可能掩盖混凝土的自收缩。

当加入早强剂使混凝土温升增大,造成结构发生较大膨胀时,随着温度降低至常温,混凝土又面临较大的因降温导致的收缩。当混凝土结构受到约束时,结构则面临更大的开裂风险。

对混凝土 3 d 龄期后的干缩进行测试,试验结果如图 4.21 所示。

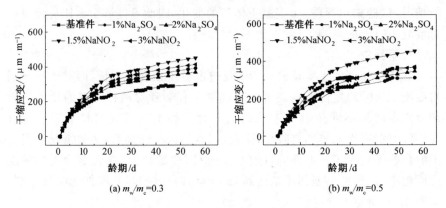

(a) m_w/m_c=0.3　　　　　(b) m_w/m_c=0.5

图 4.21　盐类早强剂对混凝土干缩应变的影响

干缩的试验结果因水灰比的大小不同呈现较大的区别。水灰比较小时,加入早强剂后混凝土的干缩应变均大于基准件的干缩应变,而且,早强剂掺量增大时,干缩应变增大的幅度反而减小,这与自收缩的规律是一致的。当水灰比较大时,仅加入 $NaNO_2$ 且掺量较小时混凝土的干缩应变大于基准件,而其余的与基准件差别不大,甚至小于基准件。加入硫酸盐早强剂且水灰比较大、水分充足的情况下,更有利于钙矾石的生成,对干缩产生一定的补偿作用。水化产物中晶体的含量增大,本身对混凝土的干缩也是有利的。

4. 引气剂

引气剂对混凝土性能的影响多集中在引气剂对孔结构、耐久性能、力学性能的影响,以及对工作性的改善方面,而对尺寸稳定性及抗裂性能的研究较少。

优质的引气剂要求引入气孔的平均直径不超过 200 μm,不同型号的引气剂形成的气孔有一定的区别,但绝大多数的引气形成的孔的孔径多为 $100 \sim 200$ μm。随着引气剂掺量的增加,含气量增大,气泡间隔系数减小,气孔的孔径也随之增大。当气泡大于 200 μm 时,在运输及振动成型过程中气泡极易溢出。在对孔进行分类时,引入的气孔属于大孔。

从有限的关于引气剂对混凝土或砂浆尺寸稳定性的影响的研究结果来看,有研究认为引气剂的加入使早期收缩增大;而另有研究认为,当引气剂掺入量较小时,对减小混凝土的收缩是有利的,而掺量较大时收缩增大、抗裂能力下降。

作者认为引气剂引用的孔均属大孔,此类孔在失水时对收缩几乎不产生影响,因此,从孔结构方面无法解释混凝土收缩的增大或减小。引气剂均属表面活性剂,水溶液表面张力显著减小,在引气剂掺量较小、引气量较低时,孔隙中气液表面张力的减小有助于减小毛细孔压力,对减小混凝土收缩是有利的。而当引气剂用量增加、含气量达到正常的 4% ~ 6% 时,由于含气量的增加,砂浆或混凝土浆体的体积显著增加。砂浆或混凝土含气量每增加 1%,浆体的体积将增加 4% ~ 5%,浆体体积的明显增加毫无疑问地将导致砂浆或混凝土的收缩增大。砂浆或混凝土的收缩的来源是水泥浆体,骨料对收缩起到限制作用,这一理论是确切无争议的。如果把引入气泡认为是骨料气泡相当于弹性模量为 0 的骨料,对混凝土的体积变形没有任何限制作用,故随着含气量的增加,砂浆或混凝土的收缩加剧。

5. 膨胀剂

膨胀剂的研发和工程应用已经有 50 余年的历史,在混凝土中掺入一定比例的膨胀剂用于补偿收缩是减少混凝土收缩、防止开裂的行之有效的技术手段。理论上,膨胀剂在水化的过程中可以生成膨胀源,对混凝土的收缩起到一定的补偿作用。在进入 21 世纪之前,工程中使用膨胀剂有大量成功的案例,但随着高强及高性能混凝土在工程中应用的日益普及,因加入膨胀剂无效甚至开裂更加严重的现象也日益增多。造成这一现象的原因并不是膨胀剂本身的问题,而是因为膨胀剂的使用条件发生了变化,应在新的使用条件下对膨胀剂重新认识。

首先,膨胀剂发挥作用需要两个必要条件:① 在恰当的时间生成膨胀源。膨胀源是指膨胀剂与水泥的水化产物(如 $Ca(OH)_2$)生成体积膨胀的物质,通常是钙矾石;② 膨胀源的体积膨胀推开周围固体颗粒产生位移做功,这些固体颗粒的位移能够推动相邻的固体颗粒,实现位移的有效传递,形成宏观体积的膨胀。传统理论认为,膨胀水泥的膨胀率随水灰比的减小而增加,这是因为较大水灰比的混凝土中较大的孔隙率可吸收较多的膨胀能,以至于膨胀源对周边固体颗粒施加的位移不能得到有效的传递。而另有研究表明,低水胶比(水胶比小于 0.35)的情况下,膨胀率随水胶比的减小而减小,这是因为水泥浆中游离水量较少,不能产生足量的膨胀性物质,所以使膨胀剂的效率降低。

针对膨胀剂的诸多试验均是参照《混凝土膨胀剂》(GB 23439—2009)的规定,膨胀或收缩的测量都是在混凝土硬化拆模后开始的,试件一般是在水中养护条件下进行的。存在的问题是:① 试验反映的主要是硬化后(1～3 d 以后)的体积变形,而之前化学反应激烈的早期膨胀效应未能体现。② 水中养护所得到的试验结果不能体现实际工程中的真实情况。在工程中(尤其是竖向构件),保湿尚有一定困难,饱水养护更是难以做到。

周永祥等分别针对强度等级分别为 C30、C60、C80,水胶比分别为0.48、0.33、0.28 的 3 个典型强度等级的混凝土进行了试验研究。参照《普通混凝土长期性能和耐久性能试验方法标准》(GB/T 50082—2009)中的"非接触法"进行试验,数据的测量从混凝土处于塑性状态时即开始,研究结果如图 4.22 所示。

3 组试验所表现出的相似之处在于:① 在混凝土成型后不久开始测量直到混凝土完全终凝的前 10～12 h 的时间内,混凝土处于收缩的快速发展阶段,膨胀剂对前 10～12 h 的变形规律影响很小。不排除这段时间有膨胀性物质生成,但由于混凝土处于塑性阶段或强度较低的硬化初期阶段,膨胀变形得不到有效的传递,膨胀剂的效能得不到有效的体现。加入膨胀剂的试件的变形曲线处于参比试件的下方,说明加入膨胀剂后在相同龄期收缩有所减小,但区别不明显。②10～12 h 以后,随着混凝土的终凝,加入膨胀剂的试件开始进入膨胀阶段,膨胀的过程持续 12 h 左右结束,然后混凝土又进入持续而稳定的小幅收缩阶段。膨胀剂对不同强度等级的混凝土的收缩都有一定程度的补偿作用。

不同之处在于,不同强度等级的混凝土在进入膨胀阶段后,所发生的膨胀的幅度存在明显差别,即强度等级越高,水胶比越小,膨胀量越小。

造成以上显著区别的原因在于:膨胀源的生成需要大量的水,当水灰比较小时,水泥和膨胀剂的水化使混凝土的拌合用水快速被消耗,当没有外来补充水分时,内部湿度迅速降低,影响膨胀剂效能的发挥。如果及时养护并补充水分,提高混凝土内部湿度,无论是否加入膨胀剂,收缩均有显著减少,加入膨胀剂后膨胀作用更为明显、膨胀时间更长,如图 4.23 所示。

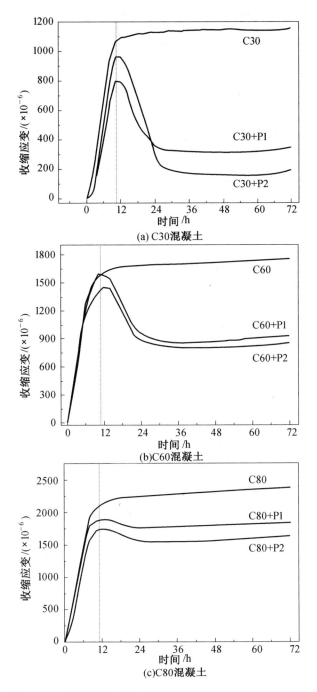

(a) C30混凝土

(b)C60混凝土

(c)C80混凝土

图 4.22　膨胀剂 P1、P2 对不同强度等级混凝土的作用效果

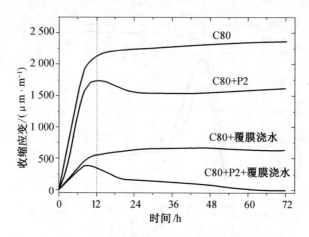

图 4.23 保湿养护与干燥养护后混凝土收缩应变的差别

在养护过程中及时补充水分,对膨胀剂效能的发挥是有效的也是必要的。工程中,加入膨胀剂的混凝土如果养护不及时、不到位,膨胀剂水化和水泥水化的双重作用使混凝土干燥加剧,收缩得不到有效补偿甚至加大混凝土的收缩,使开裂现象更严重。

另外,膨胀剂效能发挥的条件还包括混凝土内部的物质条件。某些类型的膨胀剂需要与水泥的水化产物 $Ca(OH)_2$ 结合生成膨胀性物质。当掺合料用量过大时,熟料矿物量相对减小,早期生成的 $Ca(OH)_2$ 量不足,再加上活性掺合料的二次水化反应消耗掉一部分,使水泥浆中 $Ca(OH)_2$ 量偏低,影响膨胀物质的生成,但这一说法并不适用于所有的膨胀剂品种。

以上关于外加剂对混凝土收缩的影响可以看出,多数外加剂的加入增大了混凝土的收缩,一方面是外加剂本身的本质特点决定的,另外也存在外加剂的不合理使用,导致混凝土收缩更严重,开裂普遍。这也回答了长期以来工程界存在的一个疑问:以前的混凝土开裂问题并不突出,通过采取必要的手段是可以避免的,而现在混凝土科学发展了,技术水平提高了,而混凝土的开裂为什么更加普遍了呢? 外加剂的广泛使用无疑是造成开裂普遍的最重要的原因之一。外加剂的使用对混凝土技术水平的提高是起关键作用的,这一点毋庸置疑,但带来的负面作用也应引起业界的高度重视。

《混凝土外加剂》(GB 8076—2008)对各类外加剂的"收缩率比"进行限定时,其上限值均大于 100%,除高性能减水剂的收缩率比不大于 110% 以外,其他外加剂(膨胀剂除外)的收缩率比的上限均限定在了 135%,这从另一个侧面说明了加入各种类型的外加剂均会增大收缩的事实。

4.2 混凝土配合比

4.2.1 水胶比

水胶比对混凝土尺寸稳定性的影响相对复杂。当水胶比较大时,混凝土的收缩以化学收缩和失水干缩为主。而对于低水胶比的混凝土,主要是自干燥收缩、失水干缩(干缩)和化学收缩。

当水泥用量一定且水化用水相对充足时,化学收缩总体相差不大,影响混凝土收缩的原因主要是失水干缩和自干燥收缩。对于水胶比较大的混凝土处于特定的干燥环境中,失水收缩占主导,而随着水灰比的减小,失水干缩逐渐减少,而干缩逐渐增大。根据宫泽伸吾等的试验结果,水灰比为0.4时混凝土自收缩占总收缩的40%,水灰比为0.3时自收缩占总收缩的约50%,而当水胶比极低(<0.20)时,则自收缩几乎是收缩的全部。

不同水胶比的混凝土在不同龄期所表现出的收缩特性也存在区别。在水化早期,对于低水胶比的混凝土,在自干燥和失水干燥的双重作用下,混凝土内部相对湿度急剧降低,收缩发展迅速且收缩值较大;对于水胶比较大的混凝土,内部水分相对充足,早期的大孔失水收缩并不明显,大量失水后收缩值开始显现,且早期自干燥收缩影响较小,总体表现为早期收缩值相对较小,而后期由于水泥浆总的失水量较大,收缩逐渐增大。

对于水泥用量固定、水灰比为0.35~0.55的混凝土,仅考察水灰比对混凝土干缩应变的影响,试验结果如图4.24所示。

从试验结果可见,由于水灰比均处于常规的水平,因此混凝土的干缩差别并不大。较大水灰比的混凝土失水收缩较大而自干燥收缩较小,而对于较小水灰比的混凝土,情况则相反,造成的结果是水灰比变化使混凝土的收缩变化规律不明显。另外国家标准确定的干缩试验方法是1d拆模,标准养护3d后开始的,前4天的变形未作为测试对象,也是形成这一结果的原因之一。

仅自收缩而言,水灰比越低,无论是早期还是后期自收缩发生的总量都越大,这一点已形成共识。水胶比越低,混凝土中可供水泥水化的自由水就越少,使混凝土在早期就可能产生自干燥而引起自收缩。因而,水胶比降低使混凝土自收缩增加,且早期自收缩占最终自收缩的比例越大。对不同水灰比混凝土的自收缩进行测试,如图4.25所示。

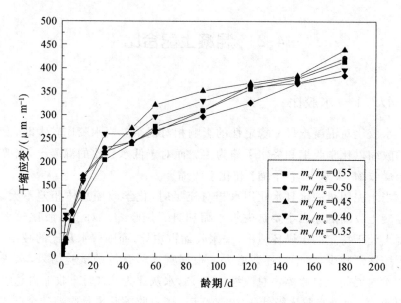

图 4.24　水灰比对混凝土干缩应变的影响

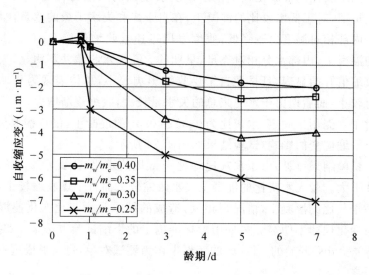

图 4.25　水灰比对混凝土自收缩的影响

通常混凝土的水灰比为 $0.20 \sim 0.70$，在非密封的条件下，混凝土的收缩是自干燥收缩与失水干缩的总和。随着水灰比的降低，自收缩对体积收缩的贡献率逐渐增大。对于掺入高效减水剂且水胶比（水与胶结料的质量比，m_w/m_b）为 0.4 与 0.3 的混凝土，自收缩分别占总干缩的 40% 和 50%；

在水胶比为 0.23、掺入 10％ 的硅灰（SF），且高效减水剂（Superplastisizer，SP）的掺量为 15％，自收缩占总干缩的 80％；当水胶比降到 0.17、掺入 10％ 的硅灰且掺入 2.2％ 的高效减水剂时，混凝土自收缩几乎是干缩的全部，如图 4.26 所示，混凝土试件尺寸为 100 mm×100 mm×1 200 mm。

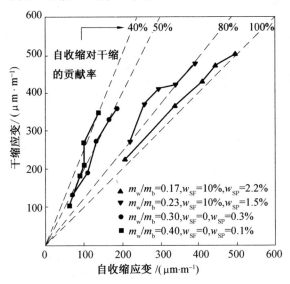

图 4.26　不同水胶比的混凝土试件自收缩占总的干缩的比例

混凝土总的体积变形与水灰比之间的关系可以示意性地表示，如图 4.27 所示。水灰比过大或过小都可能导致较大的收缩，水灰比较小时自干燥收缩占主导，水灰比较大时普通干缩占主导。需要说明的是，当采取适

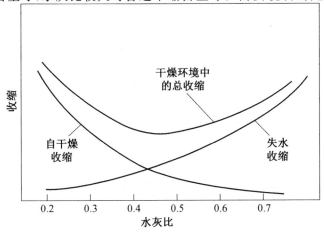

图 4.27　混凝土的最终收缩与水灰比的关系

当的方法时,可以测得混凝土单纯的自干燥收缩,而混凝土的干缩中却不能把失水造成的收缩和自干燥造成的收缩加以区分,单纯的失水造成的干缩是不存在的。

4.2.2　砂率

砂率对混凝土的尺寸稳定性的影响较小,常不为人所关注。传统的配合比设计理念认为,在满足施工要求的前提下,尽可能选取较低的砂率。随着预拌混凝土的普及,砂率由原来的 30% ~ 35% 被提高到了 40% ~ 45%,甚至更高,应当重视砂率对尺寸稳定性的影响。

有研究以砂率为 25% ~ 50% 的普通混凝土为研究对象,研究了砂率对混凝土干缩的影响,研究结果认为,普通混凝土的干缩应变随砂率的提高呈增大的趋势,对 180 d 总的干缩应变与砂率的关系进行总结,如图4.28所示。

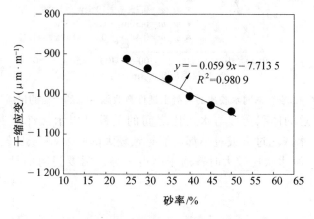

图 4.28　砂率对普通混凝土干缩的影响

从 180 d 总的干缩应变的定量分析来看,砂率从 35% 到 45%,总干缩应变增大幅度不足 10%,与其他影响因素相比,砂率属于收缩的非敏感因素,但总的趋势是砂率越大,干缩应变越大。理论上,在骨料总体积保持不变的情况下,粗细骨料的相对体积含量的多少对干缩有相同或相近的约束作用,关键与骨料颗粒本身的弹性模量有关。模量越大,对干缩的反向约束作用越有效。与细骨料相比,石材弹性模量更大,砂率越小对干缩的约束效果越好。但总体砂与碎石的弹性模量差别并不很大,所以砂率对干缩的影响也不明显。

对于轻骨料混凝土,则情况相对复杂。以固定水胶比0.28、固定胶结料用量的轻骨料混凝土作为研究对象,试验方法参照《普通混凝土长期性能和耐久性能试验方法标准》(GB/T 50082—2009)中的接触法,对不同砂率的轻骨料混凝土的长期干缩的研究结果认为,轻骨料混凝土的干缩应变随砂率的增大而减小,如图4.29所示。

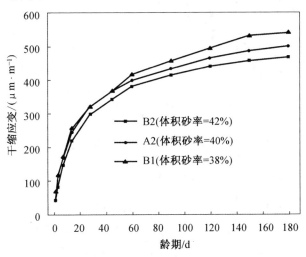

图4.29　轻骨料混凝土砂率与干缩应变的关系

钱晓倩教授固定水胶比为0.30,采用相近的试验方案,对体积砂率分别为35%、40%、45%的轻骨料混凝土的干缩进行研究,认为长期干缩应变随着砂率的增大而增大,如图4.30所示。

以上两组试验出现这一差异的原因与轻骨料的含水状态相关。相关文献表明,前者是在骨料未吸水条件下得到的试验结果。总骨料的体积保持不变,砂率的提高意味着部分轻骨料被同体积的砂所取代,由于普通砂的弹性模量远大于轻质粗骨料的弹性模量,对水泥石干缩的约束作用更有效,故砂率越大,干缩越小;后者是轻骨料经预湿1 h后得到的试验结果,轻骨料处于饱水面干状态。轻骨料中所含水分对混凝土内部的干燥起到缓解作用,砂率越高,轻骨料含量越少,所能提供的水量越小,对干燥的缓解作用也越小。轻骨料内部所含水分对混凝土起到了内养护(internal curing)作用,内养护对缓解混凝土的自干燥起到了关键性作用。尤其对于水胶比较小(0.30)的情况,内养护对干缩的影响更加明显。

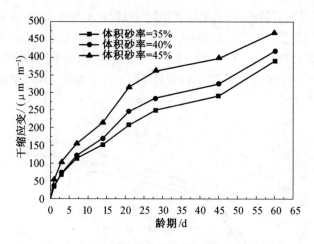

图 4.30　混凝土砂率对混凝土长期干缩的影响

4.2.3　浆骨比(水泥用量)

浆骨比即为混凝土中水泥浆与骨料的体积之比。从客观上讲,水泥用量对混凝土的收缩是有影响的,但水泥用量并非是一个独立的变量,保持水灰比不变时,水泥用量的增大意味着用水量的同步增大,也就是水泥浆体积的增大。如果水泥用量增大而用水量不增大,意味着水灰比的改变,就不单纯是水泥用量对混凝土收缩的影响了。因此,把浆骨比作为对混凝土收缩的影响因素之一更为合理。混凝土体积的收缩实质上是水泥浆体积的收缩,水泥浆体积比的增大使混凝土收缩增大是容易理解的。

如图 4.31 所示,混凝土试件的水灰比同为 0.4,在水泥用量不同的条件下,按照《普通混凝土长期性能和耐久性能试验方法标准》(GB/T 50082—2009)测试混凝土从 $1 \sim 150$ d 的干缩应变。

将水灰比相同、含气量相近的 4 组试件的收缩应变进行对比,发现随着浆体体积增大,各龄期的收缩应变都有增大的趋势,但水泥用量在 400 kg/m³ 及以上时,增大的趋势并不十分明显。理论上,当浆体体积减小至与粗细骨料的孔隙率相当时,收缩是不会发生的,因此当水泥浆体积接近骨料总的空隙体积时,收缩应变明显减小。

在图 4.31 所示的试验结果中,水泥用量为 320 kg/m³ 的混凝土试件在各龄期的干缩应变均大于水泥用量为 360 kg/m³ 的混凝土试件。文献中载明其含气量为 7.1%,而其他各组的含气量均不超过 2.7%,含气量的增大意味着水泥浆体积的增大,而引气剂引入的孔失水对混凝土干缩的影响

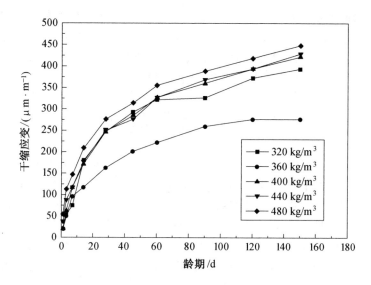

图 4.31　浆骨比对混凝土干缩应变的影响

是可以忽略的,引起干缩较大的原因仍然是水泥浆体积的增大。因此,含气量不可以作为单一影响因素来讨论其对混凝土干缩的影响。

浆骨比对干缩的影响可以概括为当水泥浆的体积分数大于粗细骨料总的空隙率时,随着浆骨比的增大,干缩呈增大的趋势,含气量增大导致的干缩增大仍归结于浆骨比的增大。

4.2.4　和易性

在现代混凝土工程中,大流动性混凝土被普遍使用。工程中技术人员很容易得出大流动性混凝土更容易开裂的结论,但流动性并不能成为影响混凝土收缩和开裂的独立影响因素。混凝土呈现大的流动性是综合使用各种外加剂的结果,应当归结为外加剂对收缩及开裂的影响。

不排除大流动性混凝土往往容易出现泌水和分层现象。振动成型过程中水泥浆或水泥砂浆上浮,粗骨料下沉,使上下层混凝土的配合比出现了较大的变化。上部混凝土粗骨料含量减少,对水泥浆收缩的约束作用减弱,收缩更大。更有甚者,在振动成型过程中,较大量的稀水泥浆上浮,并伴随着成型结束不久的泌水现象。表面水泥浆的水胶比远大于底部水泥浆的水胶比,水胶比大的水泥浆随着水分的蒸发更容易开裂。

解决大流动性混凝土收缩开裂的关键在于改善混凝土的工作性能,保证在成型过程中不会出现明显的分层现象,在可能的情况下采用满足施工要求的较低坍落度的混凝土。根据《混凝土泵送施工技术规程》(JGJ/T 10—2011) 的规定,当泵送高度不大于 50 m 时,建议混凝土坍落度为 100 ~ 140 mm,但工程中普遍采用入泵坍落度为 180 mm 及以上的混凝土,增加了混凝土出现较大收缩和开裂的可能性。

4.3 环境条件的影响

混凝土早期失水是一个水分由混凝土内部向表面迁移,继而从表面蒸发进入大气的过程。当水分向表面迁移的速率大于蒸发速率时,表现为泌水;反之表现为混凝土表面干燥甚至开裂。内部水分向上表面迁移的速率是变化的,成型初期水分迁移速率较快,往往表面出现厚薄不一的水膜层。2 ~ 3 h 以后,水分迁移速率逐渐减小,并与蒸发速率达到某种平衡;4 ~ 5 h 后,水分的迁移渐趋停止,如果不及时覆盖,表面失水将导致表层局部干缩,进而导致早期的开裂。此类开裂虽然被称为塑性开裂,但仍然是由表层局部的干缩造成的,而非真正意义上的塑性收缩。

混凝土硬化后,干缩仍然受环境条件的影响,影响水分迁移和蒸发平衡的因素包括环境温度、大气湿度和风速。

4.3.1 温度

温度对混凝土早期干缩的影响表现在两个方面:① 随着温度的升高,混凝土水化反应加快。根据范特霍夫(Van't Hoff)规则,温度每升高 10 ℃,化学反应速率系数的温度系数增大 2 ~ 4 倍。反应速率的增大必然加快混凝土内部水分的消耗速率和混凝土内部相对湿度的降低速率,使早期收缩加快,总收缩幅度增大。② 随着温度的升高,表面水蒸发量增大。水的蒸发量是由相应温度条件下水的蒸气压决定的,根据温度与饱和蒸气压的关系,通常温度下水的饱和蒸气压见表 4.5。

表 4.5 通常温度下水的饱和蒸气压

温度 /℃	饱和蒸气压 /kPa
10	1.228 1
20	2.338 8
30	4.245 5
40	7.381 4

水的饱和蒸气压随温度的升高呈非线性增大,气温越高,温度的变化导致饱和蒸气压的变化越大。在不考虑水分在混凝土内部迁移因素的前提下,理论上 20 ℃ 条件下水分的蒸发量约是 10 ℃ 时水分蒸发量的 2 倍;30 ℃ 条件下水分的蒸发量近似于 10 ℃ 时水分蒸发量的 4 倍。

但实际混凝土的水分蒸发量还要受混凝土中水分迁移速率的控制,蒸发量确随温度升高而增大,但温度增加 10 ℃,蒸发量的增加幅度并不大。杨长辉教授测试了在相同湿度和风速条件下,仅温度不同时混凝土的表面水分蒸发速率,如图 4.32 所示。

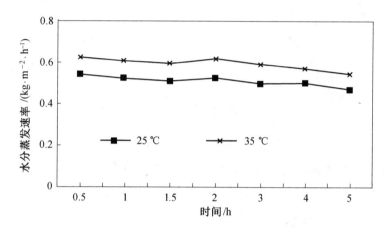

图 4.32　混凝土失水速率与温度的关系

试验所用混凝土的胶结料用量为 400 kg/m³,其中,粉煤灰用量为 20%,水胶比为 0.375。试验环境相对湿度为 60%,风速为 8 m/s 并保持稳定。温度从 25 ℃ 提高到 35 ℃ 时,水分蒸发速率约提高 15%。因此,温度越高,蒸发速率越大,混凝土在塑性阶段的收缩也必将增大。

温度对混凝土早期收缩的影响是温度对水泥水化反应速率的提高和水分蒸发加快共同作用的结果。

姜帅曾以 C40 混凝土作为研究对象,在实验室条件下研究了环境温度对早期干缩的影响,并用双曲线函数对试验结果进行了拟合,拟合曲线能够很好地反映实测的试验结果,如图 4.33 所示。

试验和拟合结果显示,温度对混凝土的早期干缩影响显著,温度升高加大了混凝土的干缩。温度自 22 ℃ 升高到 32 ℃ 时,早期收缩应变的增大幅度远大于气温从 12 ℃ 升高到 22 ℃ 的收缩应变增量。说明在常温条件下,温度越高,收缩对温度越敏感。这一现象从温度对反应速率的影响或

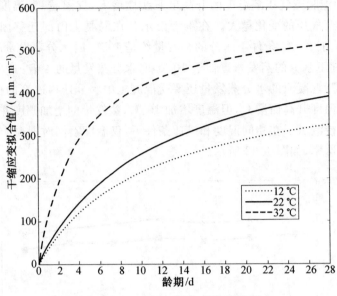

图 4.33　温度对早期干缩的影响

温度对蒸发速率的影响都能得到解释,在夏季炎热季节混凝土更容易出现开裂也正是这个原因。收缩的差值主要是在 7 d 以前形成的。

4.3.2　环境湿度

环境相对湿度越大,混凝土失水量越小,越有利于保持混凝土的尺寸稳定性。

杨长辉教授对相同温度条件、相同风速、不同湿度(relative humidity, RH)条件下混凝土表面的水分蒸发速率进行了研究,水分蒸发速率与环境湿度的关系如图 4.34 所示。

试验所用混凝土的胶结料用量为 400 kg/m³,其中粉煤灰用量为 20%,水胶比为 0.375,试验环境温度 25 ℃ 和风速 8 m/s 保持稳定。从试验结果来看,环境相对湿度从 60% 上升到 85%,混凝土 5 h 内的水分蒸发速率平均下降了 50% 以上,塑性开裂裂缝的面积减少了 96.4%。由此可见,环境相对湿度越高,水分的蒸发量明显降低,混凝土的失水收缩减小,从而可以有效地降低塑性开裂的程度。

钱晓倩教授采用水灰比为 0.4 的胶砂试件,分别在相对湿度为 58%、81% 和 90% 条件下,对试件的长期干缩进行了研究,研究结果如图 4.35 所示。

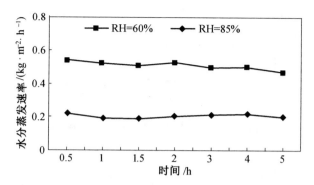

图 4.34　不同湿度条件下混凝土表面的水分蒸发速率

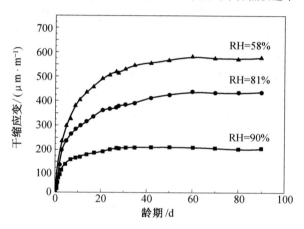

图 4.35　环境湿度对砂浆干缩应变的影响

研究结果显示,环境湿度对砂浆或混凝土干缩的影响是十分显著的。长期干缩的差异主要是在前 14 d 左右形成的。当湿度较大(90%)时,收缩在 7 d 龄期便趋于稳定,当由于水泥的持续水化而使内部相对湿度降低时,外部环境甚至还可以为试件补充一定的水分,使试件有少量膨胀。湿度越小,干缩的持续时间越长,干缩应变也越大。

4.3.3　风速

在确定的温度和湿度条件下,风速对混凝土的失水有直接的影响。风力越大,失水越严重,已成为基本常识。

根据杨长辉教授的研究结论,在温度 25 ℃、湿度 60% 这一相同条件下,风速从 3 m/s 提高到 8 m/s,混凝土表面的失水速率近似提高了一倍,如图 4.36 所示,说明风速对混凝土表面的失水有显著影响,也必将显著影响混凝土在塑性阶段的收缩。

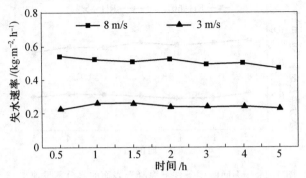

图 4.36　风速对混凝土表面失水速率的影响

随着混凝土的硬化,失水速率将受到混凝土内部水分迁移速率的控制。因此,风速对硬化后混凝土干缩的影响将逐渐减小。

姜帅根据不同风速条件下 C40 混凝土早期干缩的数据,用双曲线函数拟合出风速对混凝土干缩应变的影响规律,如图 4.37 所示。试验结果显示,风速对硬化后混凝土的干缩也产生直接影响。风速越大,混凝土干缩

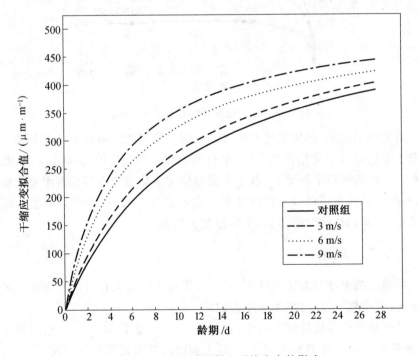

图 4.37　风速对混凝土干缩应变的影响

越大。但干缩的差别也基本是在 7 d 以前形成的,后期不同风速条件下干缩的差值没有发生较大的变化。

实践证明,当风力超过 4 级(风速为 5.5~7.9 m/s)时,混凝土表面水分蒸发速率大幅度地提高。当失水速率大于水分迁移速率时,使尚处于塑性状态的混凝土表面干燥,导致混凝土表面出现所谓的塑性开裂的可能性大大增加。混凝土终凝后,水分迁移速率逐渐降低,失水速率渐渐由水分迁移速率控制,风速的影响渐趋减弱,但早期由于风速较大形成较大的干缩无法得到弥补。因此施工过程中,大风天气条件下要注意覆盖,加强混凝土的保水养护。

总之,工程中混凝土的失水是温度、湿度、风速综合作用的结果,在高温、干燥、大风天气条件下进行的混凝土施工极易因混凝土失水过快而导致混凝土在塑性阶段的表面开裂,以及硬化后混凝土发生较大的干缩,在工程中应引起高度的重视。

4.4 施工因素的影响

4.4.1 模具类型

工程中混凝土模板基本包括竹木模板、钢模板和铝合金模板。与金属模板相比,木模板吸水率较高,渗透性强,模板吸水与渗透失水的结果使与模板接触的混凝土局部游离水含量减小,增大了混凝土表面局部的干缩。《混凝土结构工程施工规范》(GB 50666—2011) 要求在混凝土浇筑前,表面干燥的地基、垫层、模板应洒水湿润,但工程中极少有在混凝土浇筑前洒水润湿模板的情况。

与钢模板相比,木模板导热系数小、保温性能好,适合在冬期混凝土施工中使用。但是夏季施工时,混凝土本身入模温度较高,水化硬化快,使用木模板构件温升较大,增大了混凝土的温度变形,在降温过程中则增大了开裂的可能性。

模板不仅有模型的功能,在混凝土拆模之前,模板还具有减小混凝土失水和干缩的功能。延长混凝土的带模时间对减小混凝土干缩是有利的。为了加快模板周转,降低施工成本,"早拆模板"曾经作为一项先进技术在工程中推广。在保证混凝土尺寸稳定性方面,早拆对减小混凝土干缩、减少开裂是不利的。

4.4.2 入模温度

混凝土的入模温度是混凝土尺寸稳定性的敏感因素,对早期的收缩开裂有重要影响。在夏季高温的天气条件下,混凝土原材料温度较高,常在 30 ℃ 以上,所拌制的混凝土拌合物的温度常比气温高 3 ~ 6 ℃,在运输的过程中,混凝土的温度还会升高 2 ~ 3 ℃。高温入模的混凝土所面临的开裂风险将大大提高。

入模温度高意味着混凝土在浇筑初期便进行较剧烈的水化反应,加上水化热的作用,混凝土的温度可能提高到 40 ℃ 以上。水泥在剧烈水化和失水的双重作用下,混凝土内部相对湿度快速下降,进而出现了较大的塑性收缩和干缩。其作用机理与上述温度对混凝土收缩和开裂的机理相近。以不同的入模温度浇筑的混凝土的绝热温升如图 4.38 所示。

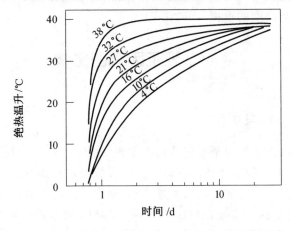

图 4.38 以不同的入模温度浇筑的混凝土的绝热温升

图 4.38 所示的试验结果采用的是 ASTM(American Society of Testing Materials) 标准 Ⅰ 型水泥,单位体积混凝土水泥用量为 223 kg/m³。从试验结果来看,入模温度越高,浇筑后混凝土升温越快,升温幅度越大;入模温度越低,达到峰值温度所经历的时间越长,混凝土的结构发展越成熟,降温出现不利情况带来开裂的概率越小。

在混凝土制备过程中加入碎冰降低出机温度和入模温度是减小混凝土早期收缩、预防开裂的有效手段。甚至在 35 ℃ 左右的温度条件下,通过加冰后混凝土的温度可以控制在 20 ℃ 以下。

混凝土拌合料的温度计算遵循热量守恒,即拌合后升温材料吸收的热量等于降温材料释放的热量,拌合料的温度计算公式为

$$T_0 = \frac{M_c c_c T_c + M_f c_f T_f + M_s c_s T_s + M_g c_g T_g + M_w c_w T_w + c_w T_s w_s + c_w T_g w_g}{M_c c_c + M_f c_f + M_s c_s + M_g c_g + M_w c_w + c_w w_s + c_w w_g}$$

式中 T_c、T_f、T_s、T_g、T_w——水泥、粉煤灰、砂、石、拌和用水的温度,℃;

M_c、M_f、M_s、M_g、M_w——水泥、粉煤灰、砂、石、拌和用水的质量,kg;

w_s、w_g——砂、石中游离水的质量,kg;

c_c、c_f、c_s、c_g、c_w——水泥、粉煤灰、砂、石、拌和用水的比热容,kJ/(kg·K)。

上式中,可取 $c_s = c_g = c_c = c_f = 0.9$ kJ/(kg·K), $c_w = 4.2$ kJ/(kg·K),其中水的比热容大,在调节拌合料温度时起重要作用。

在上式中,已知水泥、粉煤灰、砂、石的温度,确定出拌合料的温度,可以计算出所需拌合用水的温度。降低混凝土拌合料的温度通常是通过降低水的温度来实现的。已知现有拌合用水的温度,确定所需拌合用水的温度,可以计算拌合用水加冰的量,单位质量的水加入冰的质量按下式计算:

$$P = \frac{T_{w0} - T_w}{80 + T_w}$$

式中 P—— 单位质量的拌合用水所需加入冰的质量;

T_{w0}—— 现有拌合用水的温度,℃;

T_w—— 设计所需拌合用水的温度,℃。

这里假定冰的温度为 0 ℃。

4.4.3   振动成型

振动成型是通过振动设备的激振作用使混凝土液态化、充满整个模型并使混凝土充分密实的过程。在振动成型过程中往往伴随着粗骨料的下沉和砂浆或水泥浆的上浮,使混凝土产生分层现象。振动时间过长时,混凝土分层严重,使表面产生大量浮浆。浮浆水灰比远大于原混凝土的水灰比,同时骨料对收缩变形的约束作用大大减弱,使干缩应变成倍增大,也大大增加了开裂的可能性。

泵送混凝土施工一般采用布料机进行布料,当没有布料机时施工人员为了减少管道拆接和移动的次数,往往在浇筑点附近放置插入式振动捧使混凝土拌合物液化,促使其流淌,这就使该区域石子大量沉积,致使混凝土不均匀。如果出现某些区域骨料富集,而某些区域浆体富集的现象,则在浆体富集区干缩增大,加剧了混凝土的收缩和开裂。

4.4.4　养护

养护是影响混凝土尺寸稳定性的决定性环节。养护最主要的工作是保证混凝土的首先不失水或者不过早大量失水,其次是补水。所谓水泥的化学收缩(化学减缩)是指水化产物的体积小于水化反应之前水泥与水体积之和的现象。如果在硬化过程中能够为水泥水化补充水分,相当于增加了原组成体系中物质的量,将使水化产物的固相体积增加,一定程度上补偿了混凝土的收缩变形。

原则上,自水泥浆内部开始产生气孔就应该开始养护。这个时间点也就是干缩开始的零点,与混凝土终凝时间点基本吻合。混凝土终凝后洒水养护的开始时间越早,对减小收缩预防开裂越有利。

在混凝土湿养护的整个过程中,混凝土发生极少量的收缩,不加入外加剂的混凝土以及加入外加剂、水灰比较大的混凝土甚至会发生膨胀。

水泥用量 352 kg/m³、水灰比为 0.5 的加减水剂的混凝土的早期收缩进行测试,如图 4.39 所示,结果显示,保湿养护过程中基本不发生收缩。对于水灰比较小的高强度混凝土,湿养护条件下仍有收缩产生,但收缩的量远低于无养护的混凝土收缩的量。收缩的产生主要是由自干燥作用造成的内部相对温度的降低造成的。高强度混凝土孔隙率低、渗透性差,养护用水不易进入混凝土内部。因此,对于高强度混凝土来说,及时洒水养护并延长养护时间尤为重要。

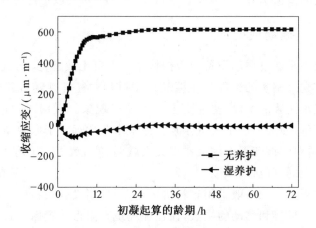

图 4.39　养护对混凝土收缩应变应变的影响

对于不易洒水养护的竖向构件及水平构件的下部,可以通过延缓拆模实现对混凝土的保水养护。

　　间断式洒水养护时,水温与构件温度相差不宜过大。在气温较高的夏季,以温度较低的地下水喷洒温度较高的构件表面更易诱发裂缝的产生。

　　依据《混凝土结构工程施工规范》(GB 50666—2011)的要求,一般混凝土结构养护时间不应少于 7 d;加入缓凝剂、大掺量矿物掺合料配制的混凝土、有抗渗要求的混凝土、C60 及以上的混凝土、后浇带等易于产生开裂的混凝土的结构的养护时间不应少于 14 d;如在实际工程中做不到,将增加因养护不足导致混凝土开裂的可能性。

4.4.5　约束度

　　当混凝土结构因收缩、温度变化或其他原因产生变形时,不同结构之间或结构内部各质点之间,由于其变形不能协调一致,将产生互相牵制、互相制约的作用,称为约束。

　　对混凝土中浆体的收缩变形形成反向约束的作用包括 3 个方面:① 来自混凝土的自身约束,即骨料对水泥浆变形的约束;② 混凝土结构中的钢筋对混凝土变形产生的约束;③ 混凝土构件受到的来自于相邻结构的约束。

　　按照约束产生的机理可把约束分为外部约束和内部约束。混凝土同一构件内部各点间由于变形不同步、受力变形性能不同而产生应变梯度,由此产生的约束称为内约束;混凝土构件变形时,受到其他构件的影响,对该构件而言称为外部约束。

　　内部约束和外部约束是相对而言的,出于不同的研究角度可相互转换。如混凝土中骨料对水泥石收缩的约束,从水泥石的角度分析可视为外约束,从混凝土的角度分析则是内约束。在配筋混凝土构件中,当讨论钢筋对素混凝土的影响时,可把钢筋视为外约束,然而在考虑模板、基底及相邻构件对(钢筋)混凝土构件的约束影响时又可将钢筋视为内约束。

　　制约因素对混凝土变形的约束程度称为约束度:

$$R = \frac{\varepsilon_f - \varepsilon_t}{\varepsilon_f}$$

式中　　R——混凝土变形的约束度;

　　　　ε_f——混凝土的自由收缩应变;

　　　　ε_t——混凝土在受约束时的收缩应变。

1. 骨料内约束

　　骨料对水泥浆变形的约束包括粗细骨料对水泥浆变形的约束,其中以粗骨料对水泥砂浆的约束更为明显。在水泥浆硬化的过程中,由化学收缩或干燥

（失水和／或自干燥）作用引起收缩，而骨料并不能与水泥浆同步发生收缩，水泥浆的自收缩受到骨料的反向约束。骨料的弹性模量远高于硬化期水泥石的弹性模量，其结果是在水泥石内部可能导致拉应力的产生，并可能在骨料周围的水泥石中产生微裂纹。骨料约束产生的裂纹属于细微缺陷，对整个混凝土结构的性能影响不大。

2. 钢筋内约束

对于混凝土构件，约束是混凝土开裂的必要条件。在过去的十余年间，国内外学者对素混凝土在约束条件下内部自生拉应力及开裂危险性分析方面做了大量研究，约束方式有平板约束、环形约束和轴向约束。研究的内容主要是在约束条件下自生拉应力的发展规律、不同配合比条件、不同环境条件对自生拉应力的影响等。本小节把约束作为影响混凝土开裂的因素时，主要讨论的是钢筋对混凝土形成的约束及相邻结构对钢筋混凝土形成的约束。

在工程中，配筋混凝土构件的收缩受到来自钢筋的约束。对于不受外来约束的钢筋混凝土构件，容易验证配筋后混凝土的收缩变形减小，且配筋率越大，混凝土的收缩变形越小。胶结料用量为 480 kg/m³，其中粉煤灰用量为 200 kg/m³，水胶比为 0.385，使用萘系减水剂的混凝土在不同配筋率时的收缩应变如图 4.40 所示。

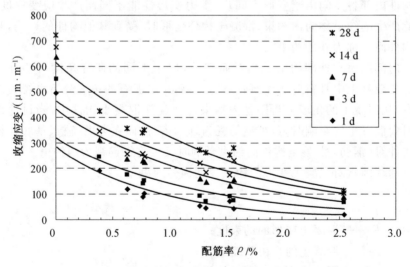

图 4.40　使用萘系减水剂的混凝土在不同配筋率时的收缩应变

混凝土配筋率越大，在各龄期的约束收缩应变均减小，即相应的约束度升高，收缩减小，混凝土约束度与配筋率的关系如图 4.41 所示。

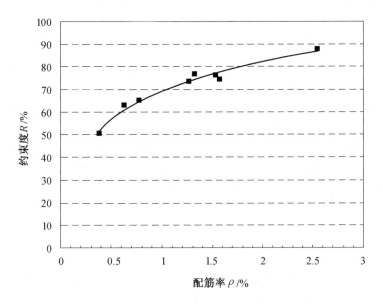

图 4.41　混凝土约束度与配筋率的关系

　　另有研究认为,当配筋率约为 1% 时,就可以将混凝土的干缩应变减小到 $300 \sim 400~\mu m/m$;而配筋率达到 3% 或更大时,约束收缩减小甚至趋近于 0,此时,钢筋对混凝土的约束度接近 100%。

　　尽管配钢筋后由于钢筋的约束,混凝土构件的收缩小了,但并不等于配筋量大就可以解决混凝土的开裂问题。配筋率越高,对混凝土的约束度越高,混凝土内部所产生的拉应力就越大,也就增大了混凝土出现开裂的可能性。为混凝土施加约束,使其收缩应变减小,即是王铁梦先生所谓的"抗"的原则。当约束度过高,混凝土有发生开裂可能性时,便要适当减小约束度,让混凝土发生一定程度的收缩,在超长结构中通过设置永久性伸缩缝、后浇带,或混凝土跳仓浇筑,使每个施工单元中的混凝土相对自由地收缩,减小施工单元发生开裂的可能,即王铁梦先生所谓的"放"的原则。工程中要避免混凝土开裂就要"抗"与"放"结合。

　　约束度的选择要经过试验和计算确定,针对不同混凝土自由收缩的情况,选择不同的配筋率,使混凝土产生的自生拉应力在合理的范围内。有相关文献指出,当混凝土墙的配筋率(尤其是水平向配筋率)小于 0.1% 时,墙上几乎都出现了温度收缩裂缝;当配筋率在 $0.2\% \sim 0.25\%$ 时,对温度收缩裂缝有控制作用;当配筋率达到 0.3% 及以上时,对温度裂缝有明显的抑制作用。适当增加钢筋约束对裂缝的产生与发展是有利的。但当混凝土收缩过大时,由于约束造成的混凝土的自生拉应力超越一定限度时,以增加钢筋的方法解决混凝土的开裂只能适得其反。

3. 基底及相邻结构外约束

基底约束在不同的情况下可能是地基、基础等下部结构对上部长墙的约束。基底对长墙的约束作用使长墙受到拉应力作用,最大水平拉应力发生在相邻界面上,即所谓的最大约束面上,离开最大约束面向上,约束应力有所衰减,但衰减规律因混凝土结构的长高比(l/h)的不同而不同。长高比越大,约束度的衰减越缓慢,即长而矮的墙体结构沿其高度的约束度衰减比较缓慢,截面上下相差不大。不同长高比的长墙结构的约束度沿高度方向的衰减规律如图 4.42 所示。

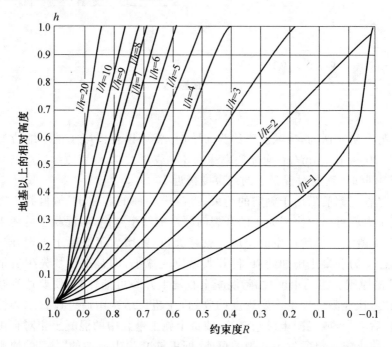

图 4.42　不同长高比的长墙结构的约束度沿高度方向的衰减规律

约束度越大,混凝土结构局部的拉应力越大。混凝土的开裂总是出现在约束度最大且拉应力最大处。裂缝的产生使拉应力得以释放,分成的两段或多段形成各自新的应力分布。当新的应力分布的最大应力再次达到混凝土所能承受的最大拉应力时,所在段再次出现开裂。所谓的混凝土能够承受的最大拉应力并不是传统意义上的混凝土当时的抗拉强度,关于这一点将在后续章节讨论。

第5章 提高混凝土尺寸稳定性的技术途径

前面章节已经对混凝土尺寸稳定性做了较深入的讨论,明确了混凝土收缩、开裂等尺寸稳定性问题的机理及影响。要改善混凝土的尺寸稳定性,可以从影响尺寸稳定性的因素入手,探讨可以提高混凝土尺寸稳定性的技术途径。

混凝土出现收缩归根结底是由水泥的水化反应和失水造成的。水泥水化一方面导致水泥浆体系的化学减缩,另一方面由于水化反应对水分的消耗造成水泥浆的自干燥;失水是造成水泥浆体内部干燥的另一个重要因素。干缩是自干燥收缩(通常所谓的自收缩)和失水干缩(干缩)共同作用的结果。化学减缩作为水泥水化反应的必然结果无法避免,补充水分对减少收缩是有效的。凡是有助于减小拌合水损失、保持或增加内部湿度,缓解干燥作用的因素均可以作为改善混凝土尺寸稳定性的措施。

外部因素包括施工因素、环境因素、设计因素,凡有助于保持水分、约束收缩、减少开裂的手段均可以作为改善尺寸稳定性的手段,本章将做详细讨论。

5.1 原材料

5.1.1 胶凝材料的组成及性能

根据第3章的讨论,水泥品种和熟料矿物组成是混凝土收缩、开裂的重要影响因素,因此合理选择水泥品种,并对矿物组成提出正确的要求对保障混凝土的尺寸稳定性至关重要。

1. 熟料矿物组成

在水泥的选择上,要对碱含量($Na_2O+0.658K_2O$)和C_3A的含量做出明确限制,引导水泥生产企业在降低碱含量和C_3A的含量方面开展研究,使二者保持在一个较低的水平。对于通用硅酸盐水泥,力争使水泥熟料的碱含量不超过0.6%,C_3A的含量不超过8%。

长期以来,施工企业要求水泥早强,促进了水泥生产企业在水泥生产中追求熟料中较高的 C_3S 含量。应转变观念,放弃一味追求施工进度、追求混凝土早强的观点,行业管理部门也应做适当引导,力争使熟料中 C_3S 的含量控制在 50% 以下,或者控制 C_3S 和 C_3A 的质量分数总和不超过 58% 到 60%。

2. 细度

在水泥细度方面,放弃通过提高比表面积来提高水泥强度(尤其是早期强度)的做法,使比表面积回归合理的水平,以不超过 350 m^2/kg 为宜。

3. 矿物掺合料

合理选择使用矿物掺合料对改善混凝土的尺寸稳定性有重要意义。

矿物掺合料要求需水量低、保水性好。优质的粉煤灰成为了改善混凝土尺寸稳定性的首选。在掺量方面要根据水泥品种合适确定胶结料中掺合料所占的比例。

当使用硅酸盐水泥时,由于在水泥生产过程中除水泥熟料和石膏以外,未加入或很少加入混合材料,在预拌混凝土制备过程中可以加入较大比例的矿物掺合料。加入粉煤灰、矿渣粉、火山灰及复合加入时,掺合料的比例宜分别控制在 40%、70%、40% 及 50% 以内。加入矿物掺合料时要关注混凝土的泌水情况,如果发现泌水要通过调整掺合料的品种及掺量或用外加剂来加以改善。

工程中大量使用的普通硅酸盐水泥,由于在生产过程中已经加入了 20% 或接近 20% 的混合材料,在混凝土制备过程中矿物掺合料的掺量应控制在一个合理范围,在强度指标满足要求的前提下,总的活性混合材料的掺量不应超过国家标准对掺混合材的硅酸盐水泥中混合材料的比例规定,即用普通硅酸盐水泥时,外加粉煤灰时用量不应超过 20%;外加矿渣时用量不应超过 50%;外加火山灰时用量不应超过 20%;复合掺入时用量不应超过 30%。

在使用掺混合材的硅酸盐水泥(粉煤灰硅酸盐水泥、矿渣硅酸盐水泥、火山灰硅酸盐水泥、复合硅酸盐水泥)时,混凝土制备过程中不宜再加入矿物掺合料。

5.1.2　骨料

骨料影响混凝土尺寸稳定性的技术指标包括弹性模量、颗粒级配和温度膨胀系数。

尽管从约束混凝土收缩的角度,骨料的弹性模量(尤其是粗骨料的弹性模量）对尺寸稳定性有显著影响，但由于常用石材的成岩条件和风化程度不同，很难从岩石种类方面区分何种石材弹性模量更大。在常用的粗骨料中，弹性模量在 $40 \sim 70$ GPa 的花岗岩、石灰岩、玄武岩等石材都可作为粗骨料，其具体的大小在约束混凝土收缩和开裂方面属于非敏感因素。另外，由于粗骨料品种有较强的地域性，在某个特定的地区，骨料品种往往可选择的余地并不大，因此骨料品种并不是提高混凝土尺寸稳定性主要考虑的因素。

骨料的颗粒级配是影响混凝土尺寸稳定性的重要因素。颗粒级配良好的粗细骨料要求级配连续、空隙率小。良好的骨料级配对尺寸稳定性的影响包括以下 3 个方面：

（1）空隙率小意味着对于单位体积的混凝土，骨料的用量可以提高，水泥浆的需求量较小，即混凝土的浆骨比减小。较小的浆骨比可以充分发挥骨料对水泥浆收缩的约束作用，对减小混凝土的收缩效果显著。理论上如果水泥浆的体积等于粗细骨料总的空隙率，混凝土的收缩可以忽略。在浆体体积大于骨料总的空隙率的前提下，浆骨比越大，收缩也随之增大。

（2）骨料用量相同（水泥浆量也不发生变化），良好级配的骨料颗粒间距更大，混凝土流动性更好。

（3）如果保持流动性不发生改变，可以减少用水量或减水剂用量，对减小干缩也是有利的。

5.2　外加剂

外加剂已经作为现代混凝土的重要组成部分，多数外加剂的加入对保持混凝土的尺寸稳定性是不利的，这一点在第 3 章中已做过深入讨论。尽管如此，外加剂的使用已作为一种必然的趋势无法逆转，在使用外加剂时应以试验为基础，选择对混凝土的收缩影响较小的外加剂。外加剂的加入不应以增大泌水量为代价。对于大流动性混凝土，如果有泌水倾向时，应采取必要的技术措施加以改善。有助于提高混凝土尺寸稳定性的外加剂有膨胀剂和减缩剂。

5.2.1　膨胀剂

膨胀剂研发的最根本的目的是通过其水化反应产生膨胀性物质（膨胀源）补偿混凝土收缩，甚至使混凝土产生微膨胀。为了正确选择使用膨胀剂，应对膨胀剂的类型和性能有所了解。

1. 膨胀剂的基本类型

根据水化产生膨胀的矿物成分的不同,膨胀剂可分为硫铝酸钙类膨胀剂、氧化钙类膨胀剂、氧化镁类膨胀剂及硫铝酸钙－氧化钙复合膨胀剂等。

工程中硫铝酸钙类膨胀剂是使用最广泛的膨胀剂,其主要矿物成分为无水硫铝酸钙和无水石膏,典型的如 UEA、ZY 及 CSA 等均属于此类,其主要水化产物为钙矾石(AFt),具有早期水化速率快、水化程度大、需水量多等特点。硫铝酸钙类膨胀剂的水化对湿养护要求较高,在水胶比较大或有外部补充水分的前提下,早期膨胀速率大、膨胀产生量大,随时间延长膨胀速率逐渐降低并逐步稳定。

氧化钙类膨胀剂属于轻度过烧的 CaO,经水化可以生成 $Ca(OH)_2$,并伴随着体积膨胀。氧化钙类膨胀剂具有膨胀效能高、对工作性和强度影响小、对温湿度敏感性低等优异性能,膨胀相 $Ca(OH)_2$ 在完成膨胀作用之后,可以进一步与高性能混凝土中掺合料所含的活性 SiO_2 反应,生成 $C-S-H$ 凝胶,可以补充掺量高的掺合料混凝土的 $Ca(OH)_2$,对提高其抗碳化性能具有重要作用。

氧化镁类膨胀剂是指与水反应生成 $Mg(OH)_2$ 并伴随着体积膨胀的外加剂。氧化镁类膨胀剂主要成分为轻度过烧的 MgO 及复掺的生石灰,产物主要为 $Mg(OH)_2$。与其他类型的膨胀剂相比,氧化镁类膨胀剂水化速率低、需水量少,水化速率慢但能持续进行,膨胀性能表现为早期膨胀速率不高、膨胀量不大,但膨胀持续时间较长、总膨胀量较大。

硫铝酸钙－氧化钙类复合型膨胀剂是以 CaO 和无水硫铝酸钙为主要矿物,水化反应生成 $Ca(OH)_2$ 和钙矾石的膨胀剂,典型如 HCSA 膨胀剂和 CEA 复合膨胀剂。该类膨胀剂的特点是水化反应中无需借助水泥水化产物 $Ca(OH)_2$ 即可与无水硫铝酸钙反应生成钙矾石。该类膨胀剂的矿物组成中的轻度过烧 CaO(30%～40%),形成 $Ca(OH)_2$ 产生膨胀后能使浆体长期保持较高的碱度,既可避免加入矿物掺合料后降低孔溶液碱度,又有利于提高混凝土的抗碳化性能。

硫铝酸钙－氧化钙类复合型膨胀剂早期膨胀速度快、产物生成量多、膨胀量大,水化反应需水量更多。

2. 膨胀剂应用技术

(1)膨胀剂类型的选择。

膨胀剂虽然都有使混凝土产生膨胀、补偿收缩的功能,但使用条件不同,混凝土配合比不同,膨胀剂发挥膨胀效能的程度也不尽相同。

一般认为对于水泥用量较大,水泥中熟料矿物含量较高的情况下,水泥水化可以提供充足的 $Ca(OH)_2$,与无水硫铝酸钙结合水化生成钙矾石,可以选择采用硫铝酸盐型膨胀剂。

对于矿物掺合料加入量较大的混凝土,由于熟料矿物的减少,使早期水化所产生的 $Ca(OH)_2$ 的量相对不足,可以采用硫铝酸钙-氧化钙类膨胀剂,以补充早期生成钙矾石所需要的 $Ca(OH)_2$。

也有研究认为,矿物掺合料的加入对硫铝酸盐型膨胀剂的膨胀效果并无影响,反而使膨胀量更大,如图 5.1 所示。

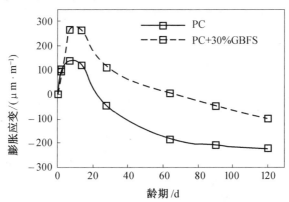

图 5.1　膨胀剂在不同水泥品种砂浆中的膨胀效果

对硫铝酸钙类膨胀剂在普通硅酸盐水泥(portland cement,PC)和普通硅酸盐水泥内掺 30% 矿渣粉(granulated blast furnace slag,GBFS)的砂浆中的膨胀效果进行研究,如图 5.1 所示。加入矿渣后膨胀量更大的原因可能在于加入矿渣粉后,熟料矿物相对减少,早期水量消耗较小,使膨胀源的生成有充足的水分,矿物掺合料的加入量适中,$Ca(OH)_2$ 的量相对充足。

硫铝酸钙-氧化钙类膨胀剂膨胀效能的发挥对温度非常敏感,养护温度越高,膨胀剂的水化速度越快,膨胀作用发挥越早,游宝坤先生认为当混凝土处于至 $60 \sim 80\ ℃$ 时,钙矾石不能生成,已生成钙矾石部分脱水,随着混凝土恢复常温,钙矾石吸水复原。对于大体积混凝土工程,混凝土温度升至 $60\ ℃$ 以上并不少见,这种情况下可能导致混凝土膨胀剂不能充分发挥作用,即使有恢复常温后吸水复原的机会,混凝土已经硬化,再产生的膨胀对混凝土并没有太大意义。氧化钙类膨胀剂对温度敏感性低。在选用膨胀剂时应根据环境温度或混凝土构件的温度合理选择。

在混凝土中加入膨胀剂时,常与其他外加剂复合使用。例如,预拌混凝土普遍使用缓凝剂,当膨胀剂与缓凝剂复合使用时,缓凝组分会降低硫铝酸盐型膨胀剂的效能,膨胀能利用率降低,不利于混凝土的膨胀和对收缩的补偿收缩。而使用氧化钙型膨胀剂时,缓凝剂的掺入会使掺有CaO膨胀剂的水泥基材料的自由膨胀变形增大,使其产生更大的体积膨胀。

(2)掺量的确定。

膨胀剂的掺量主要是根据所需膨胀量决定的,在充分养护的条件下,"掺量越大,膨胀量越大"是一个普遍适用的规律。以 MgO 型膨胀剂为例,20 ℃ 水中养护时,掺量越大,混凝土的膨胀量也随之增大,如图 5.2 所示。

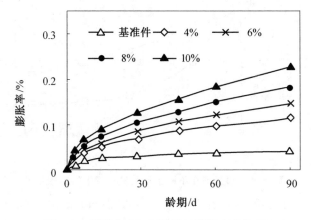

图 5.2　膨胀剂 MgO 掺量与膨胀率的关系

确定膨胀剂的掺量要同时考虑补偿收缩与其对强度的影响。以掺加 CSA 膨胀剂为例,当掺量低于 12% 时,养护 3 d 混凝土的强度随膨胀剂掺量增加而降低,养护 7 d 混凝土的强度和不掺膨胀剂时相近,养护 28 d 混凝土的强度有一定程度的增加;膨胀剂掺量达 15% 时,养护强度下降,且养护 3 d、7 d 混凝土的强度下降幅度较大,养护 28 d 混凝土的强度也有所下降。对于 HCSA 膨胀剂的研究表明,当膨胀剂的掺量为 4%、6%、8% 和 10% 时,获得混凝土的抗折强度比不掺膨胀剂时分别提高了 0.70%、6.17%、-2.83% 和 -4.95%。由此可见,当膨胀剂掺量较小时,因膨胀剂水化产物的膨胀作用使水泥浆体更加密实,强度有小幅度的升高;当掺量较大时,因水泥熟料矿物的减少,混凝土强度降低。在确定膨胀剂掺量时,既要考虑混凝土的膨胀,也要兼顾其强度。当需要提高掺量时,应通过加入减水剂等手段,减小水胶比,弥补混凝土强度的下降。

（3）加入膨胀剂的混凝土的养护技术。

① 温度条件。随着养护温度的提高，膨胀剂的膨胀效能发挥得越来越明显。与 MgO 型膨胀剂相比，硫铝酸钙－氧化钙类膨胀剂对温度的反应更为敏感，高温养护促进了其水化反应的进行，使得其膨胀效能在较早龄期就可以得到充分的发挥。MgO 型膨胀剂在较高温度条件下仍可长期具有膨胀功能。

如图 5.3 所示，加入 6% 的氧化镁型膨胀剂后，在不同温度条件下混凝土的膨胀效果不同。试验结果显示，在较高温度条件下，混凝土 60 d 后仍然持续膨胀。

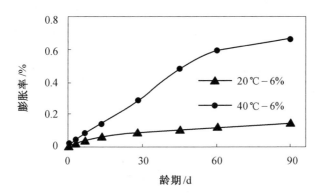

图 5.3　不同温度条件下氧化镁型膨胀剂的膨胀效果

但温度过高时，膨胀效能过早地发挥完毕，与强度不能协调发展，影响混凝土的膨胀效果。

② 湿度条件。膨胀剂要实现膨胀是以从外界获取足够的水为前提的。在密封条件下，水泥水化及膨胀源的生成过程中反应体系总的体积都是收缩的，这是一个不争的事实。尽管膨胀源的生成过程中固相体积是膨胀的，但消耗了水泥浆中的水，加剧了水泥浆内部相对湿度的降低。固相的膨胀与加速的自干燥收缩成为一对矛盾。对于水胶比较大的中低强度的混凝土来说，膨胀占据了主导，混凝土表现为膨胀；而对于水灰比较小的高强度混凝土来说，则自干燥收缩占据了主导，混凝土表现为收缩。如果混凝土硬化过程中能够获得外界补充的水分，加入膨胀剂后表现为膨胀是毫无疑问的。因此，在不同的湿度条件下，加膨胀剂的混凝土表现出不同的变形特征。

在有足够水量的情况下，加入膨胀剂混凝土表现出一定程度的膨胀，这一事实已被无数研究所证实。在标准养护时加膨胀剂的混凝土仍有可能表现为收缩,但在水中养护时却可以表现为膨胀。就不同的养护条件来说,膨胀剂效能发挥的程度从高到低依次是:水中养护 — 表面保湿养护 — 标准养护 — 密封养护 — 养护剂养护 — 干燥养护。其中,前三者混凝土表面均保持有水状态,膨胀效果相近。

因此,加入膨胀剂的混凝土最有利于膨胀剂发挥效能的养护方式便是泡水养护,即使是高强度混凝土,水中养护的膨胀量也远大于其他养护方式。对于工程中的混凝土结构,当有条件蓄水养护时即应采取蓄水养护的方式。无条件蓄水养护时应覆盖草袋、草帘等并始终使混凝土保持表面有水状态。

对于所有膨胀剂,高湿度环境均有利于膨胀效能的发挥。与硫铝酸钙类膨胀剂相比,氧化钙类膨胀剂的湿度敏感性相对较低,即使在空气中养护,也能够发挥效力,使混凝土产生一定量的体积膨胀。图 5.4 所示为用热重分析法测得的氧化钙类膨胀剂在不同湿度条件下水化程度的经时变化。

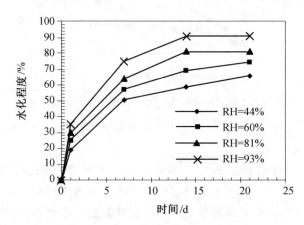

图 5.4　用热重分析法测得的在不同湿度条件下氧化钙
类膨胀剂水化程度的经时变化

由图 5.4 可知,即使在较低的湿度条件下,氧化钙类膨胀剂仍有相当程度的水化,更适用于 C30 及以上的中高强度等级、中低水胶比的混凝土。而硫铝酸钙类膨胀剂用于低水胶比高强度混凝土时往往因水分补充困难,得不到充分养护,而出现膨胀量不足甚至比不加膨胀剂时收缩更严重的现象。

③ 湿养护时间。湿养护的持续时间对混凝土的尺寸稳定性有重要影响,停止湿养护后,加膨胀剂的混凝土立即由膨胀转为收缩。对于绝大多

数的膨胀剂，混凝土养护时间均不应少于 7 d，停止湿养护越早，不仅影响膨胀剂效能的发挥，膨胀量减小，也将导致停止湿养护后干缩的增大。

图 5.5 所示为水中养护时间对停止湿养护后混凝土干缩的影响。图中显示的是胶结料总用量 600 kg/m³、内掺 UEA 膨胀剂 10％、水胶比 0.25 的混凝土分别在水中养护 3 d、7 d 后停止湿养护后的干缩情况。结果显示，水中养护 7 d 的混凝土在停止湿养护后的干缩明显小于水中养护 3 d 的情况，而且这一差别主要是在停止水中养护后 3 d 内形成的。

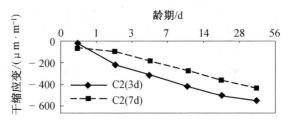

图 5.5　水中养护时间对停止湿养护后混凝土干缩的影响

5.2.2　减缩剂

在砂浆或混凝土中加入减缩剂是提高其尺寸稳定性的重要途径。加入减缩剂后可以减小水泥基材料中液相的表面张力，增大液相的黏度，改变水分蒸发速率，总体表现为收缩值的减小。

在砂浆或混凝土中加入减缩剂都有显著的减缩作用，这已经被大量的试验结果所证实。对自收缩、干缩同样有效，而且减缩规律基本一致。在正常掺入量条件下，2％ ～ 4％ 的掺量可以使 3 d 的自收缩或干缩降低 30％ ～ 50％，使 28 d 的收缩减小 20％ ～ 40％。减缩的幅度与其掺量成正比。

图 5.6 所示为减缩剂对不同水灰比的砂浆收缩的影响。其中，对于 1∶3 的水泥胶砂标准试件，加入水泥用量 2％ 的减缩剂后，在不同水灰比条件下减缩剂的减缩效果不同。

减缩剂可以减小砂浆或混凝土收缩这一结论是明确的，但减缩剂对其他性能的负面影响也不容忽视。所有减缩剂均对砂浆或混凝土的强度产生了明显的不良影响，早期养护 3 d 混凝土的强度降低 20％ ～ 40％，养护 28 d 混凝土的强度降低 10％ ～ 20％ 甚至更多。由于减缩剂本身的特殊化学特征，降低表面张力意味着降低了 C－S－H 凝胶自身的黏聚力，也降低了骨料界面间的黏结。强度的降低成为一种必然。

研究人员还认为，减缩剂的加入降低了砂浆表面的塑性抗拉强度。在

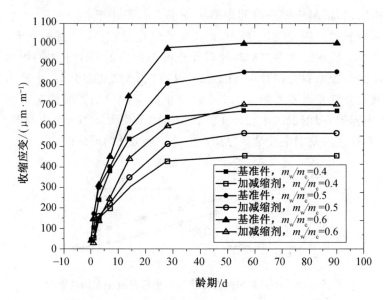

图 5.6　减缩剂对不同水灰比的砂浆收缩的影响

早期失水时更容易形成早期的塑性开裂。

　　虽然减缩剂的加入降低了收缩值,但同时降低了早期的塑性阶段及硬化阶段的抗拉强度,当本身混凝土收缩较大时,开裂还是难以避免。

　　高浓度的减缩剂溶液可以降低水分蒸发速率,纯的减缩剂或其浓溶液外涂于混凝土表面可以有效地减少混凝土中水分的散失,相当于在混凝土表面涂刷养护剂,对减小混凝土的干缩有积极作用。

　　减缩剂已经被研究多年,虽然可以减缩,但并不能避免收缩,工程中结构仍然存在收缩开裂的风险。再加上对早期抗拉强度的负面影响,使混凝土开裂的风险不一定降低。同时,对混凝土抗压强度的负面影响也成为其工程应用的一大障碍。另外由于它的造价偏高,也使减缩剂普及化存在一定难度。要实现减缩剂在工程中的广泛使用,尚需对其使用性能进行全面评估,对其综合性能做进一步的改善。

　　国外曾就减缩剂(D1、D2)和膨胀剂(E1、E2、E3)对混凝土自收缩的影响做过对比研究,如图 5.7 所示。

　　由图 5.7 可见,加入减缩剂后的混凝土自收缩无论早期或后期都比对比组的自收缩要小,但都比加入膨胀剂后的自收缩大。

　　减缩剂能起到减少混凝土塑性裂缝和干缩裂缝的作用,尤其适用于难以养护的混凝土结构。目前,我国已研制成功几种牌号的减缩剂,其掺量

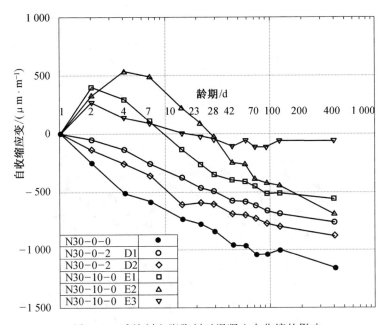

图 5.7　减缩剂和膨胀剂对混凝土自收缩的影响

为胶凝材料的 3% ～ 4%。但是,它的造价偏高,每立方米混凝土成本要增加 50 ～ 60 元。另外,由于减缩剂改变了孔隙水的表面状态,改变了固相颗粒的凝聚力,普遍存在强度降低的现象,它的实际防裂效果尚需做出全面评估,故尚未较多地推广应用。

5.3　内养护

　　无论是自收缩还是干缩,其本质都是由于混凝土失水或自干燥导致的内部相对湿度降低。因此,能够缓解内部干燥作用的因素必然能够缓解高性能混凝土的收缩。尤其是高性能混凝土,由于其结构密实外部养护用水很难进入混凝土内部,水泥水化所需的水分无法得到补充,使水泥石内部干燥更加严重。为了给水泥水化补充水源,国内外学者相继采用内养护(internal curing,IC)或者内部后养护(internal post － curing,IPC)的方法。

　　2001 年美国混凝土学会在《混凝土养护指南》(ACI 308R—2001)中将内养护定义为"由存在于混凝土内额外的水而非拌和用水引起的水泥水化过程"(图 5.8)。在混凝土中引入吸水性材料,预吸水后分散在混凝土中,吸水性材料事先蓄积的水分在混凝土搅拌过程中并不进入水泥浆体,在水化过程中出现水分不足导致内部湿度降低而收缩时,吸水性物质中的水分得以释放,补给水化所需水分,缓解干燥,支持水化反应继续进行。最理想的状态是,在气孔产生的时候就应该开始养护。但对于低水胶比的高性能混凝土,外部养护用水难以进入混凝土内部,分布于混凝土中的内养护材料在为水泥水化提供水分方面更具有优势。

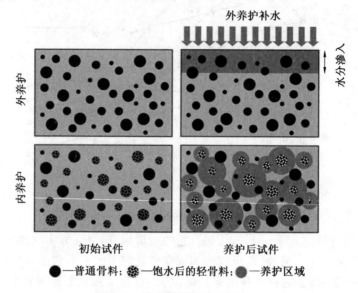

图 5.8　内养护原理示意图

内养护的思想是在 1991 年由 R. Philleo 首先提出,这种方法被国内外学者普遍接受,目前已经成为减小混凝土收缩、减少甚至避免开裂最重要的手段之一。国内外常用混凝土内养护材料包括吸水轻集料(saturated lightweight aggregate,SLA) 和超强吸水聚合物(super absorbent polymer,SAP)。

5.3.1　内养护减缩机理

为了说明内养护的减缩机理,有必要对经典的水泥浆结构理论做以简单回顾。

所谓的 Powers 硬化水泥浆结构理论于 1948 年初步建立,后来经过修正并逐步成熟。Powers 试验研究认为,每 100 g 水泥完全水化,所需要的水量约为 23 g,这一水量被称为化学结合水或不可蒸发水。在凝胶的表面有一部分吸附水,每 100 g 水泥完全水化后吸附的量大约为 19 g,这一部分水量被称为物理结合水或者凝胶水。另外在水泥浆中还有一部分水是非结合水,这部分水被称为自由水或毛细水,存在于粗大的毛细孔中。只有毛细水是可以被水泥的进一步水化所利用。粗大毛细孔中的相对湿度近似地看作 100%。经过水化反应后,水化产物的体积要小于参与反应的水泥和水的体积之和,这一体积的减小被称为化学收缩或化学减缩(chemical shrinkage)。化学收缩的量大约为 6.4 mL/100 g 水泥。

化学结合水、凝胶水、化学收缩这三个关键性参数大小自然与水泥的化学成分和矿物成分有关,但这里仍采用 Powers 所确定的参数。依据上述几个关键性的技术参数,可以得出以下各相体积之间的近似关系。

设水与水泥体积之和为单位 1,水的原始体积(即最初的毛细孔的体积)为 p,则水泥的体积为 $(1-p)$。每 100 g 水泥水化造成的化学收缩为 6.4 mL,那么当水泥水化进行到某一程度时,化学收缩可以写为

$$V_{cs} = \rho_c \cdot 6.4 \times 10^{-5}(1-p)\alpha = 0.20(1-p)\alpha \tag{5.1}$$

式中　V_{cs}——水泥浆体的化学收缩(chemical shrinkage);

　　　ρ_c——水泥的密度,取 3 150 kg/m³;

　　　α——水泥的水化程度,取值范围为 0～1。

毛细水的最原始体积为 p,那么水化反应进行到某一程度时,毛细水的体积可以表示为

$$V_{cw} = p - (\rho_c/\rho_w)(0.23+0.19)(1-p)\alpha = p - 1.32(1-p)\alpha \tag{5.2}$$

式中　V_{cw}——水化程度为 α 时毛细水(capillary water)的体积。

毛细水的体积与水化程度呈线性关系,水化程度越大,毛细水量越少。

每 1 g 的水泥水化便会有 0.19 g 的水被凝胶吸附形成凝胶水,因此,当水化进行到某一程度时,凝胶水的体积可以表示为

$$V_{gw} = 0.19 \cdot (\rho_c/\rho_w)(1-p)\alpha = 0.6(1-p)\alpha \tag{5.3}$$

式中　V_{gw}——水化程度为 α 时凝胶水(gel water)的体积。

凝胶水的量与水化程度呈线性关系。

固相凝胶的体积相当于已水化的水泥的体积与参与反应的水的体积之和减去化学收缩。固相凝胶的体积为

$$V_{gs} = (1-p)\alpha + 0.23 \cdot (\rho_c/\rho_w)(1-p)\alpha - 6.4 \times 10^{-5}\rho_c(1-p)\alpha$$
$$= 1.52(1-p)\alpha \tag{5.4}$$

式中　V_{gs}——水化程度为 α 时固相凝胶(solid gel)的体积。

未水化水泥的体积表示为

$$V_{uc} = (1-\alpha)(1-p) \tag{5.5}$$

式中 V_{uc}——水化程度为 α 时未水化水泥（unhydrated cement）的
体积。

由式（5.1）～（5.5）可以看出，水泥浆中各相的体积与水化程度均呈线性关系，m_w/m_c 为 0.3 时，水泥浆中各相的体积及随水泥水化程度的变化趋势近似表示为图 5.9(a) 所示。

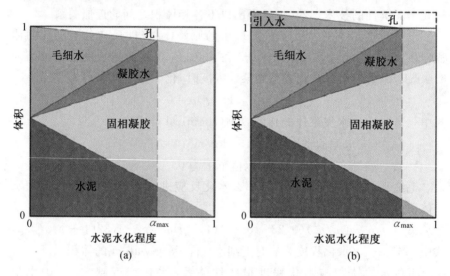

图 5.9   水泥浆组成各相体积随水泥水化的变化趋势

图 5.9 中假定水泥水化前后总的宏观体积未发生变化，仍为单位 1，化学收缩表现为水泥浆内部的孔。理论上 m_w/m_c 小于 0.42 的水泥浆不能够完全水化，当水泥水化程度达到相应的水泥浆组成（m_w/m_c）的最大值 α_{max} 时，毛细水全部被消耗，相组成中的水均为凝胶水。

对水泥基材料进行内养护时，水泥浆中各相的体积随水泥水化的变化趋势如图 5.8(b) 所示。原始水泥浆中水泥和水的体积不发生变化，总体积为 1，再加上内养护用水的体积，总体积大于 1。如果水泥仍不能完全水化，当达到某一最大水化程度 α_{max} 时，毛细水和内养护用水全部被消耗，在内养护用水在原始位置形成孔，水泥浆内部无较大的毛细孔。水泥浆内部只有凝胶水、固体凝胶相和未水化水泥，且体积不发生收缩。理论上，内养护用水形成的大孔对收缩不造成影响，内养护用水的消耗提高了水泥的水化程度，增加了固相的体积，实现了内养护对收缩的补偿。

内养护用水由内养护材料向水泥浆中的迁移是需要动力的。

水泥浆进入干燥阶段的标志是水泥浆内部出现气孔。在初始阶段,水泥浆是由水和水泥颗粒组成的二相体系(不考虑成型时所残留的气孔),随着水泥水化对水的消耗,水泥浆内部开始出现气孔,出现气孔的时间与终凝所相对应的时间大致相当。相关内容已在第 2 章做过详细讨论。

随着气孔的产生,孔隙中的液相出现了弯曲液面,弯曲液面的曲率半径与内部相对湿度的关系符合 Kelvin 方程。

在吸水性材料内部贮存的水,由于其所在孔径较大,可视为湿度 100%,其蒸气压可视为与平液面蒸气压相当,与因水分消耗在水泥浆中形成相应的弯曲液面以上的蒸气压存在压力差。压力的大小满足 Laplace 方程:

$$\sigma_{cap} = \frac{2\gamma\cos\alpha}{r} = \frac{-\ln(RH)RT}{V_m} \tag{5.6}$$

式中　σ_{cap}——毛细孔张力,Pa;

　　　γ——孔溶液的表面张力,N/m;

　　　α——孔溶液与毛细孔的接触角;

　　　V_m——孔溶液的摩尔体积,m^3/mol;

　　　r——弯曲液面的曲率半径,m;

　　　RH——毛细孔内的相对湿度,取 $0\sim1$;

　　　R——气体状态常数,8.314 J/(mol·K);

　　　T——绝对温度,K。

这个压力差为水分从预吸水的多孔材料向浆体迁移提供了动力。水分总是从粗大孔向微细孔迁移,这一趋势是确切无异义的。

除此之外,水化开始之后孔溶液的浓度不断上升,促使孔溶液中离子向多孔材料迁移,而水分则由多孔材料向孔隙内迁移,因此,多孔材料孔隙与浆体之间的浓度差也是水分迁移的动力之一。

Friedemann 用核磁共振的手段研究了内养护材料中水分的迁移,见证了内养护材料中物理吸附水向水泥浆中的迁移的过程。

以饱水的轻骨料作为内部水源弥补水泥水化用水是最先尝试的内养护手段。轻骨料尤其以细骨料更为适合。

D. P. Bentz 最先提出了满足水泥水化用水的饱水细骨料用量的计算方法。计算的基本思想是要使加入的细骨料所含水分满足水泥"充分水化"。所谓充分水化是指达到设计水灰比所能达到的最大水化程度。理论上,每公斤水泥完全水化可以产生60 mL 的化学收缩,如果外界能够为每公斤水泥补充 60 mL 的水便可弥补水泥的化学收缩。以此作为需要补充水量的计算基础。假设水灰比(m_w/m_c)小于 0.40 的水泥浆是不能够完全水化的,其所能达到的最大的水化程度可以表示为 $\alpha_{max} = (m_w/m_c)/0.4$,其内养护所需的水量可以表示为

$$m_{wat} = m_c \cdot s_c \cdot \alpha_{max} \tag{5.7}$$

式中　m_{wat}—— 单位体积混凝土所需的内养护用水的质量,kg/m^3;

　　　m_c—— 单位体积混凝土的水泥用量,kg/m^3;

　　　s_c—— 充分水化的单位质量胶结料的化学收缩,即单位质量胶结料所需内养护的水量,即养护用水与胶结料的质量比,水泥取 0.06,硅灰取 0.18;

　　　α_{max}—— 水泥的最大水化程度,$\alpha_{max} = (m_w/m_c)/0.4$。

以饱水轻骨料为内养护用水,则轻骨料的状态参数与所需水量满足以下关系:

$$S_{lwa} \cdot P_{lwa} \cdot V_{lwa} \cdot \rho_{lwa} \geqslant m_c \cdot s_c \cdot \alpha_{max}$$
$$V_{lwa} \geqslant \frac{m_c \cdot s_c \cdot \alpha_{max}}{S_{lwa} \cdot P_{lwa} \cdot \rho_{lwa}} \tag{5.8}$$

式中　S_{lwa}—— 轻骨料吸水饱和度;

　　　P_{lwa}—— 轻骨料体积孔隙率;

　　　V_{lwa}—— 1 m^3 混凝土内养护所需轻骨料体积,m^3;

　　　ρ_{lwa}—— 未吸水轻骨料的表观密度,kg/m^3。

内养护所需要的轻骨料的多少与轻骨料的孔隙率和饱水程度相关,孔隙率大、饱水率高的细骨料必然需用量少,必须导致细骨料颗粒之间的间距增大。

按照上述的计算方法,以水灰比为 0.30 的水泥浆为例,1 kg 水泥所需的内养护用水为 45 g。但是,Friedemann 经过研究发现,仅有少部分的内养护用水能够通过迁移进入到水泥浆内部并被水泥水化所利用。对于水灰比为 0.30 的水泥浆,1 kg 水泥内养护能够被有效利用的水大约为 25 g。这与内养护用水在水泥浆中的迁移有关。

Henkensiefken 经过模拟,得到了以吸水轻细骨料作为内养护材料时得到养护的水泥浆体积分数,如图 5.10 所示。

在图 5.10 中,分别假设轻骨料释水距离分别为 0.05 mm、0.1 mm、0.2 mm、0.5 mm、1.0 mm 时,不同的轻骨料体积分数时内养护用水所能影响到的水泥浆的体积分数。模拟结果表明,如果内养护用水在水泥浆中能够迁移 0.5～1.0 mm,即使以较小体积分数的轻骨料,也能使大部分的

水泥浆得到养护。

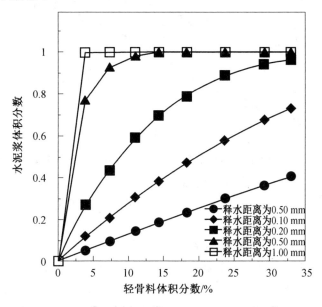

图 5.10 轻骨料体积分数与受养护水泥浆体积分数的关系

有研究表明,平均粒径约为 5 mm 的轻骨料,用 X 射线吸收法精确测出轻骨料的有效释水距离为 1.8 mm。内养护用水所能影响到的区域范围还与轻骨料的颗粒直径有关。Garboczi 和 Bentz 根据数学模型把轻骨料能够养护到的浆体体积计算到过度区内,建立了受养护浆体的体积与释水距离(即过度区厚度)之间的关系:

$$V_{IC} = 1 - V_{LWA} - (1 - V_{LWA}) \cdot \exp[-\pi\rho(c \cdot r + d \cdot r^2 + g \cdot r^3)]$$

式中　V_{IC}——得到养护的水泥浆占混凝土的体积分数;

　　　V_{LWA}——轻骨料体积分数;

　　　r——轻骨料有效释水距离;

　　　ρ——单位体积轻骨料颗粒的个数;

　　　c、d、g——轻骨料粒径分布函数。

根据上述计算方法,可以得到受养护的水泥浆体体积分数与轻细骨料的加入量之间的关系,其中 F60、F40、F20 分别是以 2 ～ 5 mm 的粉煤灰陶砂等体积取代 60%、40%、20% 普通砂时,内养护材料释水距离与受养护水泥浆体体积分数的关系如图 5.11 所示。

当取代量大、内养护材料颗粒较多时,即使较小的释水距离也可以满足大部分水泥浆得到养护的需要。由于内养护用水在水泥浆内部迁移的

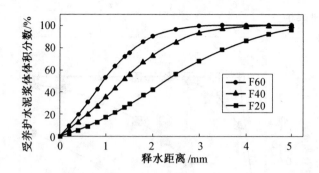

图 5.11　内养护材料释水距离与受养护水泥浆体体积分数的关系

距离有限,轻骨料所预先吸收的水分不一定能完全迁移至水泥浆内部,使内养护效果受到影响。因此,平均粒径更小的吸水性材料对内养护更有利。

　　Dale Bentz 等通过试验现象,总结得出了水泥用量、内养护需水量、轻骨料用量等参数之间的关系,得到了以轻骨料为内养护材料的混凝土配合比设计诺模图,如图 5.12 所示。

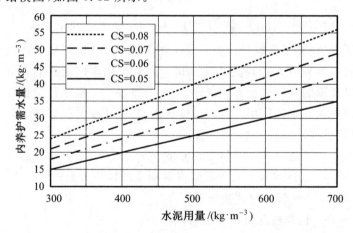

图 5.12　水泥用量与内养护需水量

　　在图 5.12 中,CS 是指单位质量的胶凝材料完全水化所产生的化学收缩(单位为 mL/kg);根据矿物掺合料的类型和掺量,CS 取值不同,普通硅酸盐水泥可取 0.06,加入粉煤灰、矿粉的胶结料可取 0.5,加入硅灰时根据比例大小可以取 0.07 或 0.08。由胶结料的量在相应的曲线上找到相对应的纵坐标,可以得到估算的内养护需水量。图 5.13 所示为内养护需水量与内养护实际引入水量的关系。

　　以估算的内养护需水量作为横坐标,根据不同的水灰比(m_w/m_c),在

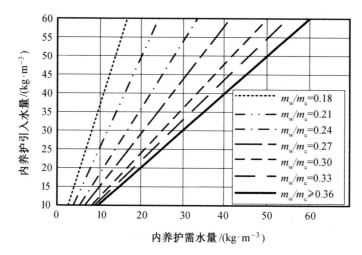

图 5.13　内养护需水量与内养护引入水量

相应的曲线上找到与之对应的需实际引入的内养护用水量。当 $m_w/m_c =0.36$ 时,引入水量与内养护需水量相等,水灰比小于 0.36 时,需要引入的水量要多于内养护需水量。

如图 5.14 所示,根据所采用的轻骨料的吸水率(abs),由横标的内养护实际用水量找到相应曲线的纵坐标,即单位体积混凝土所需加入的轻骨料的量。

5.3.2　内养护对尺寸稳定性的影响

1. 轻粗骨料作为内养护材料

以轻粗骨料作为内养护材料时,部分取代普通碎石粗骨料,经预吸水后加入混凝土。研究表示,以饱水的轻粗骨料代替碎石骨料,自收缩和干缩均显著减小。

对于水泥用量为 412 kg/m³、粉煤灰为 103 kg/m³、用水量为 160 kg/m³ 的普通混凝土,以 10%、30% 和 50% 饱水轻粗集料等体积地取代普通碎石骨料,养护 1 d 混凝土的自收缩分别降低了 12.5%、35% 和 65%,养护 28 d 混凝土的自收缩分别降低了 9%、29% 和 49%,如图 5.15 所示。

需要说明的是,由于本试验所用的轻粗骨料吸水率较小,饱水后等体积取代 50% 的粗骨料,每 1 kg 水泥被引入的内养护水量仅 0.024 kg,小于混凝土达到最大水化程度时所需的水量,而且由于粗骨料颗粒较少,水分的迁移受到一定的限制,仅部分水可以被利用,混凝土自收缩不能被消除。

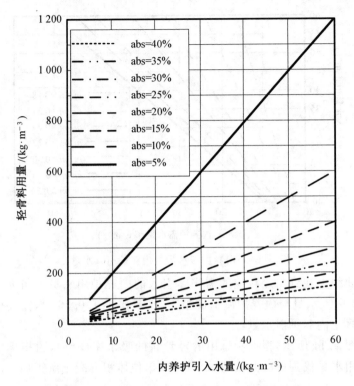

图 5.14　轻骨料用量与内养护引入水量的关系

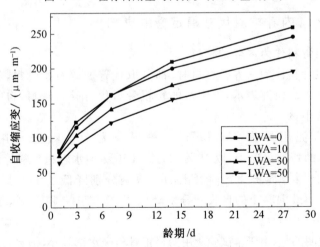

图 5.15　吸水粗骨料等体积取代普通骨料后对自收缩的影响

2. 轻细骨料作为内养护材料

以轻骨料作为内养护材料时,颗粒更小,内养护用水的水源点更多,分散更均匀,在释水距离不变的情况下,能够得到养护的水泥浆的体积分数更大,实现对同样体积分数的水泥浆的内养护所需要的释水距离更小,也容易取得更好的内养护减缩效果。

Henkensiefken 以 728 kg/m³ 固定的水泥用量,水灰比为 0.3 的砂浆作为研究对象,测试以不同比例的吸水页岩陶砂代普通砂在密封条件下所得的前 7 d 的自收缩应变,如图 5.16 所示,随后测试直到养护 28 d 的自收缩应变,如图 5.17 所示。

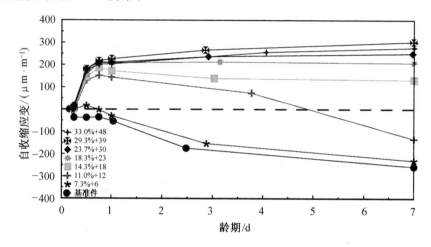

图 5.16 密封条件下不同细骨料体积分数时砂浆的自收缩应变

在图 5.16 中,砂浆中吸水细骨料的体积分数分别为 7.3%、11.0%、14.3%、18.3%、23.7%、29.3%、33.0%,实际引入内养护用水从 6 kg/m³ 递增到 48 kg/m³。研究结果显示,对于水灰比 0.3 的水泥浆,当内养护用水达到 18 kg/m³ 及以上(每 1 kg 水泥内养护用水 25 g 以上)时,砂浆就可以较长时间地保持无收缩,与初始体积相比表现为一定程度的体积膨胀。内养护用水量越多,产生的膨胀量越大。

当内养护用水量达到每 1 kg 水泥 25 g 及以上时,在密封条件下砂浆直到 28 d 时,与初始体积相比仍然表现为膨胀。

如果不对试件进行密封,在敞开状态下,在自干燥和失水干燥的双重作用下,砂浆表现出更大的收缩,如图 5.18 所示。

由图 5.18 可以看出,在内养护用水达到 48 kg/m³ 时(1 kg 水泥的内养护用水为 66 g),即使在敞开状态下,砂浆 28 d 也并未表现出干缩,与初始体积相比仍有少量膨胀,内养护用水对减小收缩起到了关键作用。

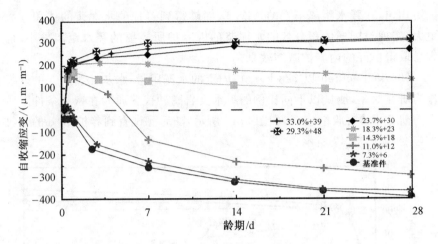

图 5.17　密封条件下不同细骨料体积分数时砂浆的自收缩应变

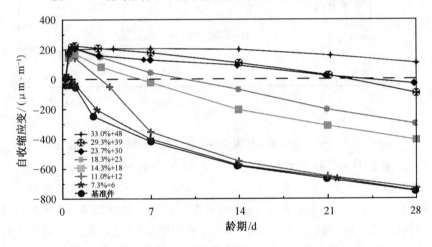

图 5.18　敞开状态下不同细骨料体积分数的砂浆的干缩

3. 以高吸水聚合物为内养护材料

以高吸水聚合物(super absorbent polymer,SAP)作为内养护剂是内养护减缩技术的又一个重要手段。常用的 SAP 包括聚丙烯酸钠型、无机盐交联聚丙烯酸钠型、聚丙烯酸 — 丙烯酰胺共聚型,相比之下,丙烯酰胺 — 丙烯酸共聚物更适合在水泥混凝土中使用。从生产工艺上,丙烯酰胺 — 丙烯酸共聚型 SAP 可采用反相悬浮法(suspension polymerization)和溶液法(solution — polymerization)生产得到。反相悬浮聚合法直接通过过滤得到,呈球状,在混凝土中留下球状孔,溶液法生产时产品要经过研磨,呈棱角状,在硬化混凝土中留下不规则的孔。两种不同形态的 SAP 颗粒形貌如图 5.19 所示。

(a)破碎不规则形   (b)球形

图 5.19   两种不同形态的 SAP 颗粒形貌

(1)SAP 的吸水及释水特性。

SAP 是一种含有强亲水基团(如 —COOH、—OH)的高分子电解质。SAP 的分子呈链状,链状分子之间存在一定数量的交链,呈三维网状结构。与水接触时,亲水基团发生电离,使内外部的溶液间产生了离子浓度差,在浓度梯度的驱使下外部水分持续进入,最后以水凝胶的形式存在。SAP 对蒸馏水或去离子水的吸收能力强,吸附水量从自重的几十倍到上千倍,且保湿能力强,如图 5.20 所示。但对于含有电解质的水,吸水能力大大降低,例如,大量用作幼儿卫生用品的 SAP 主要用于吸收尿液,每 1 g SAP 吸水仅 50 g。

吸水后,SAP 由原来的多棱角状的固体变成近似球状的弹性体,大量吸水后变成水凝胶,如图 5.20 所示。

在模拟的孔溶液(pore solution)中,SAP 的吸水能力也比其在纯水中大大降低,且吸水速率减慢。SAP 在模拟孔溶液中的吸水速率及吸水量如图 5.21 所示。

在图 5.21 中,A 为反相悬浮法制得的 SAP,平均粒径为 200 μm;B 为溶液法生产得到的 SAP,粒径范围为 125~250 μm。溶液的离子浓度分别为:$[Na^+] = 400$ mmol/L,$[K^+] = 400$ mmol/L,$[Ca^{2+}] = 1$ mmol/L,$[SO_4^{2-}] = 40$ mmol/L,$[OH^-] = 722$ mmol/L。由图示可以看出,SAP 在孔溶液中的吸水量比其在纯水中的吸水量小得多,且不同制法得到的 SAP 的吸水速率和吸水量都不相同。

阴离子型亲水基团(anionic groups)的密度(单位长度的分子链上含

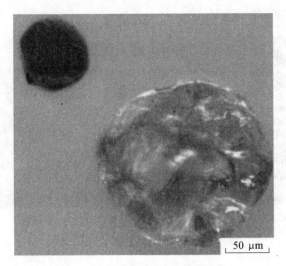

图 5.20 SAP 颗粒及其溶胀

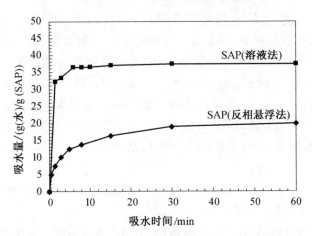

图 5.21 SAP 在模拟孔溶液中的吸水速率及吸水量

有亲水基团的量）和链状分子之间的交链（crosslinking）点的密度（单位体积 SAP 交链点的量）是决定 SAP 吸水释水性能的两个重要因素。有学者发现，不同类型的 SAP 在水泥浆孔溶液中的吸水释水特性存在较大的差别。在图 5.22 中有不同亲水基团密度、不同交链密度的 6 种 SAP 样品，其中，SAP－C 阴离子亲水基团的密度适中，交链密度最小。

"茶袋法"是把干燥的 SAP 颗粒装入茶袋，浸入水或溶液中，测量 SAP 在一定时间内吸收液体的量。"茶袋法"测试不同 SAP 的吸水释水特性如图 5.23 所示。所谓水泥溶液是指用蒸馏水和水泥制成悬浮液经沉淀后的溶液, pH = 13。

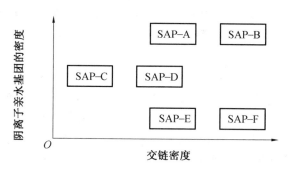

图 5.22　SAP 的阴离子亲水基团密度和交链密度

图 5.23 显示的规律验证了如下事实：由于 SAP－C 交链的密度最小，亲水基团密度适中，其吸水量大且稳定，没有提前释水的情况；SAP－F 交链密度最大，且亲水基团的密度最小，吸水量最小；SAP－B 交链密度大、亲水基团密度大，表现为吸水量大，但吸水后过早地释水，不适合在混凝土中使用。因此，可以得出的基本结论是：亲水基团的密度和交链的密度同时影响 SAP 的吸水和释水特性。交链密度影响吸水量，同样的亲水基团密度下，交链密度增大则吸水量减小；亲水基团密度有助于吸水量的提高，但如果交链密度大则吸水后释水时间提前。

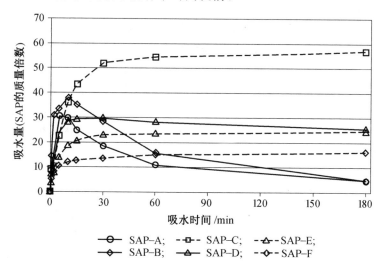

图 5.23　"茶袋法"测试不同 SAP 的吸水释水特性

其他研究者也在其他电解质溶液中得到了不同 SAP 的吸水释水特

性,但在水泥溶液中的吸水释水特性更接近于 SAP 在水泥浆中吸水和释水的真实状态。SAP 分子结构不同,其吸水释水特性存在较大差别,因此并非所有 SAP 均适合在混凝土中使用,在选择使用时应了解分子结构特征,并且需经过试验验证。

SAP 的平均颗粒粒径分布从十几微米到 1 mm,甚至更大。粒径为 $80 \sim 120\ \mu m$ 的颗粒比较适合在水泥基材料中作为内养护剂使用。更小颗粒对于缩短 SAP 的释水距离、增大水泥浆体的受养护体积是有利的,但细颗粒不易分散,遇水结团。更大颗粒吸水后,在水泥浆中养护水源过于集中,受水分迁移距离的限制,使养护用水不能充分发挥作用。

(2)SAP 的掺加方法。

① 掺加方法 1。

SAP 以干粉形式与水泥充分混合,不改变混凝土拌合用水量,SAP 在搅拌过程中自然吸收一定量的水,所吸取水分作为内养护用水,水泥浆的净水胶比小于设计水胶比。该方法总的用水量和水胶比不发生变化,相当于从原用水量中储备一部分作为内养护用水。由于净水胶比小于设计水胶比,拌合料的流动性有所下降,可使强度不下降或略有提高。为了保证混凝土的施工性能,需要通过加入减水剂来调整流动性。在力求保证强度、对内养护减缩效果要求不高时可用此方法。

② 掺加方法 2。

SAP 以干粉形式加入与水泥充分混合,把设计的 SAP 预吸水量作为附加用水与拌合用水一起加入,制备砂浆或混凝土。SAP 以干粉形式加入的优点在于 SAP 可以与水泥均匀混合,保证 SAP 颗粒在拌合料中分散均匀,但有两个可能:(a) 吸水量超过设计吸水量,使水泥浆的实际水灰比小于设计水灰比,流动性变差;(b) 吸水量达不到设计吸水量,使水泥浆的实际水灰比大于设计水灰比,流动性比预期值增加。附加用水量的多少通过试验确定,以不改变流动性为原则。

③ 掺加方法 3。

SAP 以吸水后的形式加入,也有可能产生两种可能:吸水量不足,加入混合料后继续吸水,浆体的水灰比降低;吸水量过大,拌合时过早释水,导致体系实际水灰比增大。由于水泥浆中离子浓度较高,出现反向渗透,提前吸取的拌合水往往有反向释出的现象。为了避免或者减小 SAP 过早释水,保持吸入水分的相对稳定,可以在预吸水时吸入水泥悬浮液的澄清液或 $Ca(OH)_2$ 饱和溶液。

无论以"干法"加入还是以"湿法"加入,当有附加用水作为混凝土的内养护用水时,当以不改变原设计配合比为原则,保持物料流动性不发生变化。或使拌合料的流动性略小,使浆体的水胶比略小于基准水胶比。浆体的水灰比不同,适宜的 SAP 的吸水率也不一样。水灰比越大,适宜吸水率越高,要通过试验确定。引入水量通过调整 SAP 的量来实现。

(3) 掺加 SAP 对水泥基材料尺寸稳定性的影响。

① 对水泥净浆的影响。

O. M. Jensen 于 2001 年首次提出了把 SAP 用于水泥基材料,并探讨了其基本原理和用于水泥材料的可能性。加入 SAP 出自一个简单的设想:以 $m_w/m_c=0.35$ 的普通硅酸盐水泥浆与 $m_w/m_c=0.30+0.05$ 的水泥浆相比,其中后者水泥浆中的净水灰比为 0.30,SAP 所吸收的水与水泥之比为 0.05。二者的总水灰比相等,但实质上存在很大的区别。虽然后者因 SAP 释水后会形成接近毫米级的近似球形的孔,但水泥浆的实际水灰比小,结构密实,并能够得到 SAP 预吸附水的充分养护,水泥浆的强度更高。另外,水泥浆的自干燥得到缓解,收缩减小,综合性能可望得到提高。

SAP 颗粒与水按质量比 1∶12.5 预吸水,干粉状 SAP 按水泥用量的 0.3% 和 0.6% 加入,测得水泥浆的自收缩应变,如图 5.24 所示。

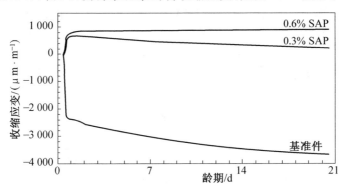

图 5.24　加入预吸水的 SAP 后对水泥净浆自收缩的影响

在图 5.24 中,水泥净浆试件水灰比为 0.30,SAP 按水泥用量的 0.6% 加入时,造成的附加水灰比为 0.075,即每 1 kg 水泥实际引入水量为 75 g;按 0.3% 加入时,引入水量为前者的一半。研究结果显示,不掺 SAP 的正常的水泥净浆自收缩量相当大,而且第一天内的自收缩发展极快。引入内养护水后,第 1 天均表现为宏观体积膨胀,每 1 kg 水泥内养护用水量为 37.5 g 时,第 1 天发生膨胀后转为收缩,但 21 d 试件尺寸与原始尺寸相比仍表现为膨胀。当每 1 kg 水泥内养护用水量为 75 g 时,体积的膨胀能够在较长龄期内得以保持。

水泥的水化反应总体是体积收缩的,即化学收缩,但消耗掉 SAP 中的储备用水,水泥浆的固相体积产生膨胀,最终在 SAP 颗粒所在的位置形成孔。如此来补偿水泥基材料的体积收缩不改变水泥浆的化学成分,仅以附加水的形式便可实现减小收缩的目的,较其他减缩手段具有明显的优越性。

② 对砂浆或混凝土尺寸稳定性的影响。

SAP 对砂浆或混凝土尺寸稳定性及其他性能的影响研究结果众多,但不同研究者因试验条件不同,试验方案设计存在区别,所得结果也存在差异。国际材料和国际材料与结构实验研究联合会(International Union of Laboratories and Experts in Construction Materials,Systems and Structures,RILEM) 以相同的试验方案、相同的材料,组织了 13 位来自欧、亚、美各大洲的学者进行了平行试验。基准砂浆水泥用量为 700 kg/m³,外掺硅灰为 70 kg/m³,用水量为 210 kg/m³。如图 5.25 所示,试验采用了两种同样化学组成的聚丙烯酸类吸水聚合物样本 SAP 1 和 SAP 2,其中 SAP 1 以溶液法生产,颗粒呈不规则多棱角型,其平均粒径为 586 μm;SAP 2 采取反相悬浮法生产,颗粒呈球型,其平均粒径为 324 μm。两个 SAP 试样亲水基团的密度相当,但 SAP 1 交链的密度大于 SAP 2 交链的密度。两种 SAP 均以水泥质量的 0.3% 并以干粉的形式与水泥均匀混合,加入到混凝土拌合中,保证与基准混凝土具有同样的流动性,两种 SAP 加入后,用水量分别增加 21 kg/m³(SAP 1) 和 28 kg/m³(SAP 2),即每 1 kg 水泥引入内养护用水量分别为 30 g 和 40 g。

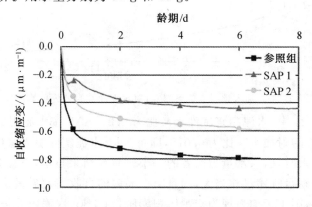

图 5.25　加入 SAP 对水泥砂浆自收缩的影响

加入两种 SAP 后,由于其吸收的水分对水泥砂浆的内养护,对自收缩均有明显的减缩效果,但二者的减缩作用效果也存在明显的差异。SAP 1

颗粒较粗大,引入水量少,但减缩效果明显优于 SAP 2。这一现象从内养护机理的角度无法得出合理的解释。造成这一结果的原因应当与 SAP 的分子结构有关。

③ 对强度性能的影响。

加入 SAP 后,一般认为对混凝土的强度有负面影响。SAP 颗粒所占体积在水泥浆中形成孔洞,削弱混凝土的抗压强度。但由于水泥浆受到了充分的养护,水化产物量增多,结构更密实,对这一强度的削弱作用可以有所弥补。

来自世界各地的 13 位学者用同样的试验方案,测试了加入 SAP 后,SAP 对不同龄期混凝土抗压强度的影响,用上述的 SAP 2 以水泥质量0.3% 的比例加入混凝土,SAP 自然吸水并保持混凝土流动性不发生变化,在不同龄期混凝土相对强度(加入 SAP 后强度与基准强度的比值)是有变化的,如图 5.26 所示。

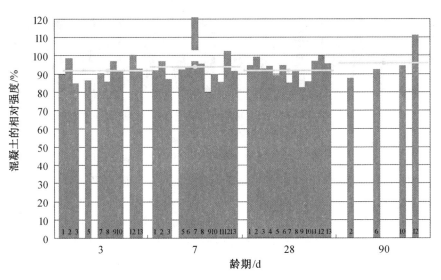

图 5.26 加入 SAP 对混凝土抗压强度的影响

■ 强度值; — 平均值及标准差

从图 5.26 可以看出,无论是早期强度还是中后期强度均有不同程度的下降,3 d 抗压强度平均值相当于基准混凝土的 92%,标准差为 5 MPa,其余龄期与 3 d 的情况近似。水泥浆实际水灰比不变,总水灰比增大0.04,抗压强度降低约 6% ~ 8%。抗压强度与抗折强度下降幅度基本相同,对抗折强度影响略为敏感,下降幅度略大。强度的下降是必然结果,这与 SAP 释水后形成孔有关。整个水泥浆孔隙率增大,且孔尺寸较大,对强度影响明显。但 SAP 对水泥浆的内养护作用使水泥浆得到了充分的养护,水化程度提高,因孔隙对强度的削弱作用得到了一定程度的弥补,强度的降低幅度并不大。

如果掺加 SAP 时,不改变用水量,使总的水胶比不发生变化,加入 SAP 后,强度基本不发生变化,甚至有所提高,尤其是 SAP 掺量较低时。SAP 掺量(质量分数)较大时,强度有所降低。以不同水泥进行试验,对强度的影响规律也存在差别。

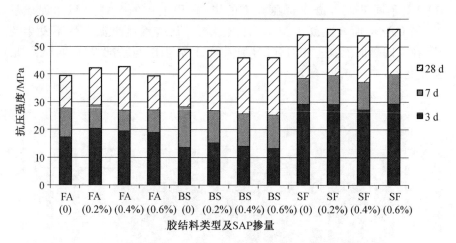

图 5.27　不同水泥品种及 SAP 掺量对抗压强度的影响

如图 5.27 所示,基准水泥用量为 556 kg/m³,内掺粉煤灰(FA)30%,内掺矿渣粉(BS)50% 或内掺硅灰(SF)10%,水胶比 0.45,SAP 用量分别为 0、胶结料的 0.2%、0.4%、0.6% 时抗压强度的变化情况。加入 SAP 后,吸收水分使水泥浆中的净实际水胶比小于设计水胶比,虽然 SAP 在水泥浆中自然吸水后形成较大孔,给强度造成了一定的影响,但这与水泥浆强度的提高相互抵消。

4. 内养护与膨胀剂或减缩剂复合使用

膨胀剂作为一种常用外加剂,用以补偿混凝土的收缩,已有多年的工程应用经验。鉴于其水化生成膨胀源的过程需要消耗较大量的水,以至于加剧水泥浆内部的干燥,在养护不及时、不到位的情况下往往导致收缩量加大,开裂比不加膨胀剂时出现更严重的情况。对于水灰比较小的高强度混凝土,即使及时养护,养护用水也难以进入混凝土内部,影响膨胀效能的发挥。内养护恰恰为膨胀剂的水化提供了补充水分的渠道。

以轻质细骨料或 SAP 作为内养护剂,通过引入附加水分,可以为膨胀剂组分的水化提供条件,使生成的膨胀源的物质的量增加,使膨胀剂的效能得以充分的发挥。引入的内养护用水可以缓解单独加膨胀剂时对拌合用水的消耗导致的内部干燥作用的加剧,使混凝土的收缩得以更有效的控制。试验研究也表明,内养护剂与膨胀剂复合使用可以有效减小混凝土的收缩,对提高混凝土的极限拉伸、预防混凝土开裂起到积极作用。

5.4 纤 维

通常所谓的混凝土的尺寸稳定性是指混凝土的收缩以及某些特定情况下的膨胀。纤维不是尺寸稳定性的影响因素,混凝土的收缩或膨胀与纤维的加入并没有必然的联系。尽管大量的研究都得出了加入纤维能够减小收缩的结论,但从原理上却找不到理论依据。

虽然纤维对尺寸稳定性没有影响,但大量的研究证实了,纤维对混凝土的开裂是有改善作用的。开裂是混凝土尺寸稳定性(收缩或膨胀)不良导致的结果,因此也可以认为纤维与混凝土的尺寸稳定性存在间接的关系。

在混凝土中加入纤维的主要目的是改善混凝土的力学性能,增强增韧,改善其脆性,其次才是阻止其开裂。并非所有的混凝土都一定会开裂,所以也并非所有的混凝土都适合加入纤维。仅从阻止开裂的角度,有一个前提,也就是只有混凝土有开裂可能的时候加入纤维用于阻裂才是有意义的。

5.4.1 混凝土开裂机理

一般认为裂纹产生的原因是混凝土的收缩,当收缩受到约束时在混凝土内部产生拉应力。混凝土的收缩值和约束度是影响开裂的两个主要参数。从弹性力学的角度,在完全约束的混凝土中,由收缩应变产生了拉应力。收缩应变引起开裂破坏的动力是应变和弹性模量的乘积(εE),大量文献的表述为:当收缩引起的拉应力超过混凝土的抗拉强度时,将导致混凝土的开裂,然而该表述是不确切的。通过对混凝土试件施加约束并对轴向约束力进行量化,试验研究发现:在素混凝土开裂发生时,其拉应力小于相应龄期的抗拉强度(劈拉)。也就是说,在拉应力小于开裂时的抗拉强度时,混凝土也可能发生开裂。在约束条件下,混凝土在自身拉应力作用下的断裂与实验室条件下测得所谓的抗拉强度从断裂的机理上存在着本质的不同。受约束混凝土发生断裂时，其应力小于同龄期混凝土的抗拉强度。

从受拉应力角度，混凝土发生开裂的条件可以写为

$$\sigma = \varepsilon \cdot E \geqslant \sigma_{t,max} \tag{5.9}$$

式中　σ——混凝土的受拉应力，MPa；

ε——混凝土的收缩应变或约束条件下的受拉伸应变；

E——混凝土发生开裂时的弹性模量，MPa；

$\sigma_{t,max}$——混凝土发生开裂时的极限抗拉应力，MPa。

这里用极限抗拉应力代替抗拉强度的表述。开裂时极限抗拉应力与当时的抗拉强度的关系尚需进一步研究。

式(5.9)也可以改写成用应变评价开裂的形式：

$$\varepsilon \geqslant \varepsilon_{t,max} = \frac{\sigma_{t,max}}{E} \tag{5.10}$$

式中　$\varepsilon_{t,max}$——混凝土发生开裂时的极限拉伸应变。

也就是说，当混凝土的收缩应变达到或超过混凝土所能承受的极限拉伸应变时混凝土产生开裂。提高混凝土的极限拉伸应变对提高混凝土的抗裂能力无疑是有利的。通过提高极限抗拉应力或降低弹性模量，均可实现提高极限拉伸应变的目的，以混凝土的极限拉伸应变的大小对混凝土的抗裂性能进行评价更符合混凝土开裂的实际情况。

成熟混凝土的极限拉伸应变 $\varepsilon_{t,max}$ 大致在100 $\mu m/m$ 的数量级，不同的测试方法和不同试验者的数据不尽相同，变化范围大致在 100 ～ 150 $\mu m/m$。而按试验测得的混凝土的收缩值一般在200 ～ 300 $\mu m/m$，较小水灰比的高强度混凝土的收缩值甚至要大得多。因此，混凝土的收缩不能简单地认为是约束条件下的拉伸应变，否则完全约束的素混凝土都是要开裂的，事实并非如此，原因在于混凝土早期表现出明显的徐变特征，确切地说是拉伸徐变。研究人员证明了拉伸徐变的存在，并在完全约束和非完全约束两种约束条件下对中低水灰比的混凝土的拉伸徐变进行了量化分析。混凝土开裂时的弹性拉伸应变要小于混凝土的收缩应变。

在完全约束条件下，有

$$\varepsilon_{sh}(t) + \varepsilon_{e}(t) + \varepsilon_{cp}(t) = 0 \tag{5.11}$$

式中　$\varepsilon_{sh}(t)$——自由收缩变形，原尺寸基础上减小，取负值；

$\varepsilon_{e}(t)$——混凝土在自生拉应力作用下的弹性变形；

$\varepsilon_{cp}(t)$——拉伸徐变。

在式(5.9)和式(5.10)中,与应力 $\sigma_{t,max}$ 建立等量关系的 $\varepsilon_{t,max}$ 仅相当于式(5.11)中的 ε_e,徐变的存在对约束条件下的拉应力起到了关键性的松弛作用。

式(5.10)中的弹性模量 E 是一个时变的量,在拌合物成型的最初几小时,还没有形成凝聚结构,此时主要表现为黏塑性;随着水泥水化,塑性特性渐弱,更多地表现为弹性。成型后 $4 \sim 8$ h 期间,弹性模量 E 从 $10 \sim 100$ MPa 迅速增大到$10^4 \sim 10^5$ MPa,增加了 3 个数量级,如图5.28所示。而在此期间抗压和抗拉强度虽有增长但增长的幅度远不及弹性模量。因此极限拉伸应变由 2 h 的 $4\ 000$ $\mu m/m$ 急剧下降,$6 \sim 8$ h 降到最低值40 $\mu m/m$ 左右,随后又逐步增大到硬化混凝土的正常极限拉伸应变100 $\mu m/m$ 左右。因此混凝土成型后的 $6 \sim 8$ h,是混凝土出现开裂的最敏感时期。

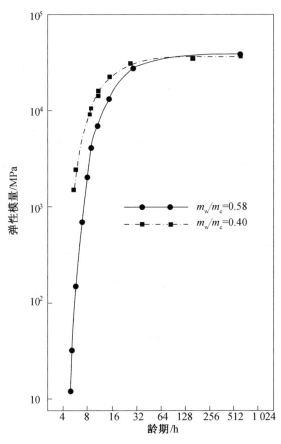

图 5.28 混凝土最早龄期弹性模量的变化

在混凝土成型后 6~8 h 的敏感时期,如果能提高混凝土的极限抗拉应力、降低弹性模量,提高混凝土的极限拉伸应变将会对提高混凝土的抗裂能力有所帮助。

5.4.2 纤维阻裂机理

可用于混凝土结构的纤维主要有钢纤维、聚丙烯纤维、玄武岩纤维及碳纤维等。纤维的力学性能见表 5.1。

表 5.1 纤维的力学性能

品种	抗拉强度 /MPa	弹性模量 /GPa	极限延伸率 /%
钢纤维	600~900	200~210	1.5~2.5
聚丙烯纤维(PP)	300~450	3.5~6.0	20~25
纤维素纤维	600~900	8.0~9.0	7~10
聚乙烯醇纤维(PVA)	1 500~1 800	30~40	7~10
玄武岩纤维(BS)	3 500~3 800	90~110	3.0~3.5
碳纤维	3 000~4 000	250~500	1.5~2.0
素混凝土	3.0~5.0	30~40	0.02~0.03

根据弹性模量的大小,通常把纤维分成高模量纤维和低模量纤维两大类。高模量纤维主要用于改善混凝土的力学性能,提高抗拉强度或抗弯强度,提高韧性;低模量纤维一般用于提高混凝土早期的抗裂性能。

混凝土中加入纤维后,形成了新的材料(即纤维混凝土)。纤维混凝土的极限拉伸应变、极限抗拉应力都会发生相应的变化。加入低模量纤维时,混凝土早龄期的极限抗拉应力和极限拉伸应变都有一定程度的提高,这一现象已得到大量试验的证实。

混凝土中加入纤维后,纤维混凝土的弹性模量、素混凝土的弹性模量、纤维的弹性模量存在以下关系:

$$E_{fc} = E_m V_m + \eta_0 E_f V_f \tag{5.12}$$

式中　E_{fc}——纤维混凝土的弹性模量,MPa;

　　　E_m——水泥基材料基体的弹性模量,MPa;

　　　V_m——水泥基材料基体的体积分数,%;

　　　E_f——纤维的弹性模量,MPa;

　　　V_f——纤维的体积分数,$V_f = 1 - V_m$;

　　　η_0——纤维取向系数,二维乱向分布 $\eta_0 = 0.375$,三维乱向纤

维 $\eta_0 = 0.20$。

设 $E_f/E_m = n$，则有

$$E_{fc} = E_m(1 - V_f) + \eta_0 n E_m V_f \tag{5.13}$$

对于在混凝土中加入的纤维均认为是三维乱向分布，$\eta_0 = 0.20$，式(5.13)可改写为

$$E_{fc} = E_m[1 + (0.2n - 1)V_f] \tag{5.14}$$

式(5.14)中，当 $0.2n - 1 > 0$（即 $n > 5$）时，纤维弹性模量大于基体弹性模量的 5 倍以上，纤维混凝土的弹性模量 E_{fc} 大于基体弹性模量 E_m；当纤维弹性模量不足基体弹性模量的 5 倍时，纤维混凝土的弹性模量 E_{fc} 小于基体的弹性模量 E_m；聚丙烯纤维、纤维素纤维的弹性模量小于混凝土基体的弹性模量，因此，加入聚丙烯纤维、纤维素纤维后，纤维混凝土的弹性模量降低。降低弹性模量有助于提高混凝土的极限拉伸应变，在应变相同时表现为较小的拉应力，从而起到了减少开裂的作用。

对于已经发生开裂的混凝土，当微裂缝长度大于纤维间距时，纤维将跨越裂缝，起到传递荷载的作用，使混凝土内的应力场更加连续和均匀，使微裂缝尖端的应力集中得以钝化，约束了裂缝的进一步扩展；微裂缝长度小于纤维间距时，纤维可能使裂缝改变方向，或使其跨越纤维形成更微细的裂缝，裂缝可以得到细化，而且能显著增大微裂缝扩展的能量消耗，从而减小开裂的裂缝的面积。

5.4.3　纤维阻裂的效果

在混凝土中加入低模量纤维后，混凝土的抗裂性能可以得到显著改善，这已经是不争的事实。对抗裂性能的改善可以从纤维的加入增大了极限拉伸应变值、增大了极限拉应力值、减小了弹性模量等方面得到合理的解释。相当数量的试验研究得出了纤维的加入减小了混凝土收缩的结论，但均不能给出合理的解释。以 $1\ kg/m^3$ 左右的量加入低模量的聚丙稀纤维或纤维素纤维，可以显著减小混凝土的收缩是缺乏理论依据的。混凝土中加入纤维的作用是阻裂，而不是减缩。虽然阻裂和减缩两种作用的结果都是减少或避免了开裂，但机理是截然不同的。

至于纤维的阻裂作用效果，国内大量学者采用平板约束，以量化裂缝条数、裂缝面积的方法，来对比分析纤维的阻裂作用。该试验方法计量精度差、可重复性差，作为定性评价尚可，作为定量分析显得过于粗略。定量分析混凝土的极限拉伸应变、极限拉应力、弹性模量可以间接描述混凝土的抗裂性，如果纤维对这3个参数都有一定程度的改善，那么改善混凝土

的抗裂性是必然的。

　　试验研究表明,在混凝土中加入 1 kg/m³ 左右的聚乙烯醇纤维,混凝土的极限拉伸应变值提高了约 5% ～ 10%;加入 0.6 ～ 1.2 kg/m³ 左右的聚丙烯纤维,抗拉强度提高 10% ～ 20%;极限拉伸应变值的增大幅度高于抗拉强度的增大幅度,达到 30% ～ 50%,如图 5.29 和图 5.30 所示。

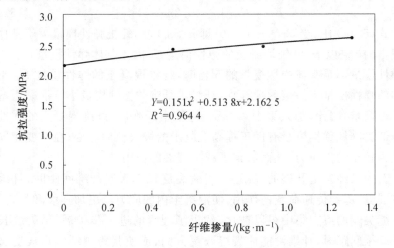

图 5.29　聚丙烯纤维掺量与抗拉强度的关系

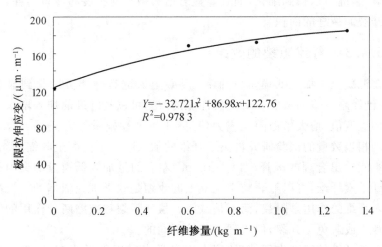

图 5.30　聚丙烯纤维掺量与极限拉伸应变的关系

　　在工程中,加入低弹性模量的聚丙烯纤维、纤维素纤维、聚乙烯醇纤维等已有不少的成功案例,对早期阻裂具有积极作用,而且成本增加不多,值得在工程中推广。

5.5　预应力或部分预应力

超长结构、大型板形结构在不设置伸缩缝时更易产生开裂。在超长结构的部分板或梁中施加预应力或部分预应力,以外加的混凝土预压应力去抵消混凝土结构的自生拉应力,减少甚至避免混凝土结构的开裂从理论上是可行的。结构的开裂与收缩、温度变化、外部约束、设计或施工误差等多种因素有关,仅导致收缩的原因就多种多样,开裂的原因往往不易分析清楚,以至于防治开裂也变得更加困难。在易于开裂的部位施加预应力或部分预应力便成了"以不变应万变"的有效途径,在大型工程中已有较多的应用。

无黏结预应力筋有布置灵活、张拉锚固方便、强度高等特点,因此无黏结预应力成为了对结构施加预应力最常用的做法。

温度应力及收缩应力的传递会受到来自竖向结构的约束,越靠近超长结构的中部约束作用越强,所产生的应力也就越大。预应力筋对混凝土所产生的预压应力的传递同样受到柱子等竖向构件的约束,由预应力筋的端部到中部预压应力逐渐减小。两个力的分布特点正好相反。为了能在收缩应力大的部位(结构中部)建立尽可能大的预压应力,在预应力筋的布置和施工上做相应的设计:

(1) 合理设置后浇带,划分布筋区段和张拉区段。根据温度应力的分布特点,中段配置较多的预应力筋,两端则相对少一些,以减小对中段应力的削弱,在中段建立更大的预压应力。

(2) 分段张拉,先中段后两端。在后浇带封闭前张拉中段预应力,待达到设计强度后,再张拉两端预应力,这样可减少中段预应力的损失。

(3) 根据结构的特点,采用预应力可以解决超长结构楼板的收缩开裂问题,但楼板的伸缩对柱子的附加影响不容忽视,特别是底层靠近端部的柱子,变形大、附加弯矩大。在计算柱子承载力时,应考虑温度和混凝土收缩及施加预应力工况的影响。

(4) 对具体的工程,应经必要的计算,全面分析各种有利、不利因素对结构内力及裂缝的影响,在此基础上对超长结构的伸缩缝设置进行修正。

预应力筋张拉时间的掌握是施工的关键。张拉过早时,混凝土徐变能力强,预应力损失大;张拉过晚时,或许混凝土结构的开裂已经产生。合理的张拉方案是采用分步张拉的办法,依次对预应力筋实施初张拉、复张拉、终张拉。初张拉可以在混凝土浇筑后 3 d 进行,拉应力控制在设计控制应

力的 30% 左右;复张拉在浇筑后 14 d 前后进行,张拉应力控制在设计控制
应力的 70% 左右;终张拉在后浇带闭合前(约两个月)、混凝土收缩完全发
生以后进行。分步张拉无疑增加了施工的工作量,但对控制混凝土开裂是
有帮助的。

5.6　施工条件与施工操作

所谓施工条件主要指施工期间的温度、湿度和风速。

为了减小混凝土的收缩,防止或者减少开裂现象的发生,在施工中应
尽量避免在高温、大风天气条件下的混凝土施工。

在天气炎热季节,应尽可能把混凝土浇筑时间安排在晚间,施工时气
温尽量不超过 30 ℃。对于原材料温度较高造成混凝土出机温度在 25 ℃
以上时,应采取措施降低混凝土的出机温度及入模温度。

在 4 级及以上大风天气中应避免混凝土的浇筑施工。如需在大风天
施工时,应加强覆盖,提前洒水养护,并在养护过程中增加洒水频度,保持
混凝土表面湿润。

湿度条件属地区性气候条件,往往在施工过程中无法选择。在相对湿
度低于 40% ～ 50% 的北方地区,应及时对混凝土进行保湿养护,避免因过
早失水导致混凝土收缩开裂。

为了防止塑性收缩及开裂的发生,可以采取的措施均应以减少混凝土
内部水分的损失为中心来进行。采取措施如下:

(1)润湿混凝土浇筑部位的基底及模板、集料,以防止其快速从混凝土
中吸收水分进而导致混凝土中水分的减少。

(2)浇筑后及时覆盖。当风速不大、气温不高时,可在混凝土初凝时及
时覆盖;当气温较高或风较大时,应在混凝土浇筑并抹平后立即覆盖。

(3)缩短浇筑后至开始养护的时间,及时采取养护,随着混凝土强度等
级的提高,混凝土的胶凝材料量不断增大,混凝土中胶凝材料的早期水化
速率明显加快,也就是说混凝土内部消耗水的速率也在加快,因此及时浇
水保湿是十分必要的。

(4)当混凝土尚处于塑性阶段时出现细小裂缝,板的塑性收缩裂缝可
以通过二次表面振动抹平或人工抹压来解决,重新表面抹平或表面振动能
够减轻粗集料周围的塑性收缩应力,进而提高混凝土的强度及钢筋与混凝
土之间的黏结。

总之,混凝土的早期开裂是混凝土工程中的顽疾,行业内部称之为"质

量通病",既然是"通病",可见其普遍性。影响因素众多,任一环节出现问题均可能导致混凝土开裂的发生。需要工程技术人员从源头抓起,在混凝土原材料选择、配合比设计、生产、运输、施工、养护各个环节采取必要的措施。虽然混凝土的收缩、开裂问题复杂,但是有规律可以遵循的。针对具体情况采取有效措施,混凝土的收缩固有特性是可以改变的,收缩是可以减小甚至消除的,开裂也是完全可以避免的。

第6章 大体积与超长混凝土结构尺寸稳定性

在现代混凝土结构工程中,超大面积、超大体积和超长混凝土结构日益增多。这些混凝土结构由于其特殊的结构形式、超大的体量,往往更容易出现裂缝。因此,这些混凝土结构工程必须考虑混凝土尺寸稳定性所带来的诸多问题。本章将主要就大体积混凝土结构和超长混凝土结构两个专题进行讨论。

6.1 大体积混凝土结构

按照《大体积混凝土施工规范》(GB 50496—2009)中的定义,大体积混凝土是指混凝土结构物实体最小几何尺寸不小于 1 m 的大体量混凝土,或预计会因混凝土中胶凝材料水化引起的温度变化和收缩而导致有害裂缝产生的混凝土。大体积混凝土的尺寸稳定性问题是工程中的技术难点,尽管国家规范对大体积混凝土原材料、配合比、制备、运输、浇筑施工等各环节都做了相应的要求,但工程中混凝土开裂的质量事故还是屡有发生。

大体积混凝土设计、施工的所有科学研究工作基本是围绕避免因温度变形和不均匀收缩变形导致的混凝土开裂而展开的。

6.1.1 大体积混凝土配合比设计

1. 原材料的合理选用

(1) 水泥。

在大体积混凝土的原材料选择方面,水泥品种应作为一个重要问题加以考虑。根据《大体积混凝土施工规范》(GB 50496—2009)的要求,应选用中热或低热硅酸盐水泥或低热矿渣硅酸盐水泥,所用水泥 3 d 的水化热不宜大于240 kJ/kg,7 d 水化热不宜大于 270 kJ/kg。而其他通用硅酸盐水泥一般达不到这一要求,但水化热指标并没有作为强制条文,实际工程中极少采用低热水泥作为大体积混凝土的胶凝材料。普遍采取以普通硅酸盐水泥外加矿物掺合料构成复合胶结料的方案。虽然复合胶结料的单位质量的水化热也较低,但用低热水泥也同样加入掺合料时水化热将更

158

低,更容易保证大体积混凝土的施工质量。

中热和低热硅酸盐水泥熟料的矿物成分区别于通用水泥,要求其 C_3A 不超过 6%,拥有较低的 C_3S 和较高的 C_2S。低热水泥用于大体积混凝土工程,再加上合理使用矿物掺合料,将为制备高质量的大体积混凝土打下良好的基础。

在大体积混凝土工程中低热水泥之所以应用并不普遍,一方面是低热水泥并未普遍形成产业化,另一方面是对大体积混凝土质量重视程度不够,《大体积混凝土施工规范》中的建议性条文并没有被普遍遵守。

（2）矿物掺合料。

工程中普遍采用粉煤灰或磨细矿渣粉等活性矿物掺合料,与水泥复合形成复合胶结料。加入矿物掺合料是可行的,也是必要的。

为了保证混凝土的强度,要求粉煤灰不超过胶结料总量的 40%;矿渣粉不超过胶凝材料总量的 50%;复合矿物掺合料不超过胶结料的 50%。

使用矿物掺合料时,宜采用 Ⅱ 级及以上的粉煤灰;矿渣粉宜采用 S95 级及以上的矿渣粉。

（3）外加剂。

在泵送混凝土普及的条件下,大体积混凝土的外加剂应是多种外加剂的复合,减水剂（或缓凝减水剂）、缓凝剂应作为泵送剂的两个必要组分。缓凝组分用于调整凝结时间,使混凝土的初凝不短于 $8 \sim 10$ h,终凝不短于 $14 \sim 16$ h,且不长于 24 h。

一般泵送剂中的引气剂组分在大体积混凝土中不建议使用。一方面大体积混凝土一般不涉及抗冻性问题,更重要的是,在混凝土中引入气泡后,气相在升温时压力增大造成混凝土较大的膨胀,在降温时又会使混凝土产生较大的收缩,给混凝土的尺寸稳定性带来不利影响。复合泵送剂中去除引气剂组分,可泵性会受到一定影响。

大量的工程实践在大体积混凝土中加入了膨胀剂,但膨胀剂是否为必要成分却未定论。在大体积混凝土结构中使用膨胀剂,有不少成功案例,但也有许多失败的案例。而另有大量的工程中不使用膨胀剂,胶结料中加入较大量的矿物掺合料,配合缓凝剂也取得了成功,当然也有失败的案例。

膨胀剂并非是大体积混凝土外加剂中的必要组分,分析探讨如下:

①大体积混凝土尺寸稳定性不良造成的质量事故是开裂,而造成开裂最主要的原因不是收缩,而是温差,包括混凝土表面与周边环境之间的温差及混凝土中心与表层的温差。由于中心与表层温差的存在,中心混凝土

膨胀量大(与初始浇筑时的体积相比),表层混凝土膨胀量小,因此表现为表层混凝土受拉。混凝土表面与周边环境的温差加大导致表层热量损失速率大于热量从中心向表层的热传导速率,将导致中心与表层温差的增大。

② 加入膨胀剂后,假如混凝土是均匀膨胀,体积以三次幂函数的速率增大,表面积以二次幂函数的速率增大,表面积的增大速率小于体积的增大速率,使表面的受拉加剧。

③ 膨胀剂的膨胀效能受到温度影响。膨胀剂在 30 ~ 40 ℃ 水化时,膨胀能力最大;超过 50 ℃,膨胀能力开始下降;60 ℃ 以上膨胀能力很低;70 ℃ 以上可能造成钙矾石分解或不能形成。另有研究表明,膨胀剂在 60 ℃ 有粗大的钙矾石晶体快速生成,使混凝土快速过量膨胀。长时间在 60 ℃ 的环境中即可造成钙矾石的分解,使已发生膨胀的混凝土转而开始收缩。XRD 分析膨胀剂的水化产物后认为,经过 63 ℃ 养护后,部分膨胀源(AFt)分解为不具有膨胀效应的 AFm,宏观表现为限制膨胀率急剧下降。

对于内部温升较大的厚大结构,中心部位温度高于表面,中心温度于升至 30 ~ 50 ℃ 时,由于膨胀源快速而过量地生成,使混凝土发生较大的膨胀,且中心部位膨胀量大于表面。而此时,混凝土已经发生终凝(至少是初凝以后),使混凝土过早地产生表面开裂的危险。当温度高于 60 ℃(或 70 ℃)时,钙矾石分解,膨胀源的分解使膨胀作用大大减弱或消失。相比之下,表层混凝土的补偿收缩作用会强于内层。这对减小表层混凝土的拉应力是有利的。那么,如果大体积混凝土分层浇筑,中下层用非膨胀混凝土仅表层(如 200 mm 厚)混凝土用补偿收缩混凝土更为合理。

④ 内部混凝土浇筑后可以认为是绝湿的,表面养护用水对内部混凝土不起作用,即使温度不超过 60 ℃,因得不到充分的养护,膨胀效力也很难得到发挥;相反,表层混凝土因可以得到较充分的养护而使膨胀剂可以更好地发挥作用。

⑤ 整体采用膨胀剂增加了施工成本,给建设单位造成了不必要的负担。

因此如果使用膨胀剂的话,混凝土分层浇筑(大体积混凝土的惯用的施工方法),仅表层使用膨胀剂无论在经济上还是在技术上都是可行的。不用膨胀剂时,如果混凝土表层充分湿养护(如蓄水养护,在工程中是容易实现的),混凝土吸收水分,固相体积也同样是可以膨胀的,保证不出现表面的开裂也是完全可以实现的。

当然,大体积混凝土(如建筑工程大型筏板)采用膨胀剂配制补偿收缩混凝土防裂确实有一些成功的案例,毫无疑问需要采取一系列措施克服膨胀剂早期可能带来的不利影响,如采取超长的缓凝,大量掺入粉煤灰,尽可能降低大体积混凝土的强度等级,用 60 d 或 90 d 强度作为强度验收指标等。大体积混凝土尽管存在内(钢筋)外(基础)约束,毕竟尺寸较大,各种收缩累积起来较大,补偿收缩混凝土中的膨胀剂对大体积混凝土超过峰温后的尺寸稳定性的影响还是利大于弊的,关键在于膨胀剂能否发挥效力。

(4)骨料。

骨料作为大体积混凝土的次要影响因素,没有特殊要求,只需满足相关规范的一般要求及泵送混凝土的一般要求即可。

2. 配合比设计

(1)关于混凝土的强度等级。

大体积混凝土(尤其是大型基础)对其刚度的要求要远胜于对其强度的要求,而强度普遍存在富余的情况。工程设计阶段考虑各方面的因素,人为提高大型基础设计强度等级的情况是存在的。《大体积混凝土施工规范》给出了"设计强度等级宜在 C25 ～ C40"的建议,有些规程和规范甚至提出了"不应低于 C30"的建议。强度等级在 C25 ～ C30 是一个合理的范围,不宜达到或超过 C35。

强度等级高并不意味着安全性更高或混凝土质量更好,以较低的合理强度满足设计承载能力要求要更有利于保证混凝土的质量和降低工程成本。

大体积混凝土对强度的验收一定要贯彻执行以 60 d 甚至 90 d 强度作为验收依据的原则。出于对进度的追求,工程中常存在以 28 d 强度作为验收依据的情况,无形中需要增大水泥用量、降低水胶比,为大体积混凝土的尺寸稳定性增加了不确定因素。

(2)水泥用量和水胶比。

尽量降低水泥用量是制备大体积混凝土的一个基本原则。为了保证混凝土的强度和碱度,最低水泥用量不宜低于 200 kg/m³ 或 220 kg/m³,尽管工程中可以用 200 kg/m³ 以下的水泥配合使用优质的掺合料制备 C30 甚至以上等级的混凝土,但并不建议采用。

为了满足泵送需求,总的胶结料用量不应少于 320 kg/m³,一般在 350 kg/m³ 及以上。其中,以粉煤灰作为掺合料时,水泥所占的比例不宜低于 60%;以矿渣作为掺合料时,水泥所占的比例不应低于 50%。

《大体积混凝土施工规范》要求单位体积用水量不大于 175 kg/m³,最大水胶比不大于 0.55,那么最大用水量和最大水胶比相对应的胶结料用量仅为 318 kg/m³,相对偏低。水胶比大于 0.50 的情况出现的可能性小。

砂率对大体积混凝土的质量影响不大,满足泵送混凝土的一般要求即可,一般在 40% ~ 45%。

6.1.2　大体积混凝土施工技术

1. 混凝土的制备

大体积混凝土制备过程中要求合理控制混凝土的温度。入模温度对大体积混凝土后期的温度应力控制有较大影响。在夏季施工时,要求商品混凝土供应厂家对砂石堆场设置遮阳蓬,或对骨料提前覆盖,必要时采用地下深井水冲洗。拌合水应采用适时抽取的地下深井水,温度不超过 15 ℃。当出机温度过高时,可通过在水中加冰的方法及时调整拌合水温度。加冰控制水温的计算方法在前面相关章节已做过讨论。控制出机温度不超过 25 ℃,入模温度不超过 30 ℃。

2. 浇筑施工

(1) 整体分层施工。

对于面积不大的大体积混凝土宜采用整体分层施工的方案,如图 6.1 所示。

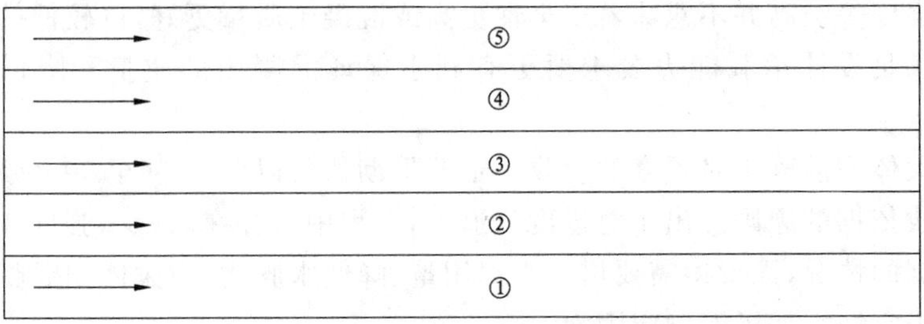

图 6.1　混凝土整体分层浇筑施工示意图

整体分层施工时,每层厚度不宜超过 0.5 m,每层的浇筑均应沿长边从一端向另一端进行。同一位置上下两层的浇筑的时间间隔不应长于混凝土的初凝时间。

工程中所谓的"推移式"分层施工,实际相当于没有任何组织的施工,所谓的"分层"也相当于没有分层,对混凝土热量的释放及混凝土早期变形的释放不利,不建议使用。

(2) 分仓施工。

当工程施工面积较大时,可采取分仓施工的方案。分仓时,所分仓室最大尺寸不宜大于40 m。各仓室之间要用钢板隔栅或加密铁丝网将各仓分成独立的空间,阻挡混凝土的流动。分仓后可采用逐仓施工或跳仓施工的办法。各仓施工也应采取分层施工的方法,具体分层施工与整体分层要求相同。

跳仓法是指通过将超长、超宽的大体积混凝土结构划分为数个小型的独立块,按照"分块规划、隔块施工、分层浇筑、整体成型"的原则,利用"抗放兼施、先放后抗、以抗为主"的原理施工。整体施工时,浇筑体约束大、温度变形大对避免浇筑体开裂不利。分成小块后,通过混凝土自身弹性变形、徐变变形来充分释放混凝土的早期应力,达到有效减少裂缝产生的目的。

跳仓法具有以下特点:① 跳仓法实现了连续浇筑,不需要特殊处理施工缝。所留施工缝的数量相当于设置后浇带施工时的一半,大大减少了渗漏的概率和结构安全隐患。② 采用跳仓法取消后浇带,可减少后浇带模板及支撑费用,避免了后浇带模板内长时间积累的垃圾难以清理的问题。③ 封仓时间一般为7 ~ 10 d,仓块间的混凝土浇筑可流水施工,极大地缩短了施工周期。提前回填土还可以有利于混凝土抵抗温度应力裂缝。

(3) 伸缩缝、后浇带及膨胀加强带的施工。

根据《混凝土结构设计规范》(GB 50010—2010),为避免结构由于温度收缩应力引起的开裂,大体积混凝土结构也允许使用永久性伸缩缝(变形缝),但大体积混凝土结构作为基础时,伸缩缝的设置为结构的整体性、结构防水、结构抗震等都带来了诸多的问题,因此设计成伸缩缝的情况并不多见。当把大块化小时,把伸缩缝改为后浇带或膨胀加强带是工程中的惯用处理手法。

设置后浇带时,对钢筋的处理可以采取3种方法:钢筋全贯通;钢筋全断开;钢筋部分断开。分块施工时,后浇带处的钢筋是受拉的,从释放混凝土内部应力、减小开裂的角度,钢筋全断开是最有利的。但钢筋全断开后,在后浇带混凝土浇筑施工时钢筋的二次连接困难,后浇带处成为整体结构的薄弱区域;钢筋全部贯通虽然对于释放内部应力不利,但仍是工程中常用的处理方法。

后浇带施工时应注意以下问题:① 后浇带新旧混凝土结合面需要凿毛,清除表面污染物,凿去松动的石子。因后浇带钢筋不断开,操作面小,施工困难,若处理不当,后期在新老混凝土结合面会出现两条新裂缝。② 后浇带封闭所需时间较长,模板内长时间积累的垃圾多且难以清理,施工时可采用高压水或压缩空气,将后浇带部位清理干净,否则影响混凝土的整体质量。③ 后浇带根据结构要求不同,封闭时间不同,最短不应低于 45 d,在需要降水的工程中无疑要延长降水时间;④ 后浇带混凝土应高一个强度等级,且应采用膨胀混凝土。膨胀剂混凝土的养护是保护质量的重要环节,养护要求较高,最好采取蓄水养护,无蓄水条件下用麻袋或草帘覆盖时要增加洒水的频率,保证膨胀剂效能的发挥。

6.1.3　大体积混凝土的温度控制

温度控制是大体积混凝土质量控制的核心,包括以下 5 个方面:① 混凝土的入模温度在夏季不宜高于 30 ℃,在冬季也不宜低于 10 ℃;② 混凝土浇筑体在入模温度的基础上温升不宜大于 50 ℃;③ 混凝土浇筑体里表温度(不含混凝土收缩的当量温度)不宜大于 25 ℃;④ 混凝土浇筑体表面的温度与大气温度不宜大于 20 ℃;⑤ 降温速率不宜大于 2 ℃/d。

要保证上述 5 个重要的温度指标在可控的范围内,应做好以下几方面的工作。

1. 热工计算与实测

热工计算主要包括混凝土的发热量计算、绝热温升计算、温度计算、温差计算、温度应力的计算等。有条件时可经过实测,验证计算的准确性。

(1)水泥水化热的计算。

当水泥充分水化的总发热量已知时,有

$$Q(t) = \frac{1}{n+t} Q_0 t \tag{6.1}$$

式中　　$Q(t)$ —— 水泥在 t 天龄期时的累积水化热,kJ/kg;

　　　　Q_0 —— 水泥的水化热总量,kJ/kg;

　　　　t —— 龄期,d;

　　　　n —— 与水泥品种、比表面积等因素有关的常数。

当水泥的总水化热未知,而 3 d、7 d 的水化热已知时,总水化热可由式(6.2)计算:

$$Q_0 = \frac{4}{7/Q_7 - 3/Q_3} \tag{6.2}$$

式中　　Q_3、Q_7 —— 水泥在 3 d 和 7 d 龄期时的累积水化热,kJ/kg;

当加入粉煤灰、矿渣等矿物掺合料构成复合胶结料并加入外加剂时,胶结料的水化发热量应在确定实际配合比组成后通过试验得出。

(2)混凝土的绝热温升计算。

$$T(t) = \frac{W \cdot Q(t)}{c \cdot \rho} (1 - e^{-mt}) \tag{6.3}$$

式中　　$T(t)$——龄期为 t 时混凝土的绝热温升，℃；

　　　　W——单位体积混凝土的胶凝材料用量，kg/m^3；

　　　　c——混凝土的比热容，一般取 $0.92 \sim 1.0\ kJ/(kg \cdot ℃)$；

　　　　ρ——混凝土的体积密度，取 $2\,400 \sim 2\,500\ kg/m^3$；

　　　　m——与水泥品种、浇筑温度等有关的系数，取 $(0.3 \sim 0.5)d^{-1}$。

2. 混凝土表面的保温或散热

"保温"与"散热"看似是两个意义相反的概念，实则是在混凝土养护过程中不同气温条件下所采用的保证混凝土表面温度与大气温度之间温差，又有利于混凝土散热的施工措施。保温不够、散热速率过大时，混凝土内部温度高于表面温度 25 ℃ 以上，加大开裂风险；保温过度使混凝土里表温差小，使混凝土整体温度高、膨胀量大，不利于散热。混凝土表面防护应以实测混凝土温度为依据，保温与散热相结合。

在气温较高的夏季，混凝土浇筑体表面的温度很容易控制在高于气温不超过 20 ℃ 的范围内。表面覆盖要实现两个方面的重要功能：一是保水，二是散热。覆盖物可选取不透水的薄膜对浇筑体保水，并能够在覆盖物以下补水，使混凝土表面保持潮湿；或者选取吸水性较强的麻袋，以便吸水后保持混凝土表面的潮湿。覆盖物无需太厚，以便混凝土散热，不至于使混凝土内部温度过高。同时表面覆盖物可保持混凝土表面温度相对稳定，受外界阳光、风力的影响小。

在气温较低时，尤其气温降低到 5 ℃ 以下时，表面覆盖物的主要功能是保水和保温。覆盖物可以采用发泡聚乙烯卷材、塑料膜或其他不透水塑料制品做成的复合的草垫等。在草垫下，混凝土补水时不应使草垫内的草吸水失去保温功能。保温的主要目的是使防止混凝土散热过快，浇筑体里表温度差不超过 25 ℃。覆盖完好的混凝土表面温度可以不受"混凝土浇筑体的表面温度与大气温度相差不宜大于 20 ℃"的限制。

3. 预埋冷却水管法降温

预埋冷却水管法是指在大体积混凝土浇筑之前，预先在混凝土内部架设冷却水管，大体积混凝土浇筑完成之后，通过预埋的水管通入冷却水进行内部降温的施工方法。冷却水管既可以采用钢管，也可以采用塑料管。采用钢管时，钢管的垂直间距通常等于一次浇筑的厚度，在混凝土浇筑过程中难以铺设。若改用塑料水管则接头减少，管质柔软，在浇筑混凝土的过程中也能铺设水管，有利于改变水管的间距，而且塑料水管成本低，可以节约施工费用。

预埋冷却水管可有效降低混凝土施工中的最高温度。假设混凝土初

始温度为 T_0,冷却水温度为 T_w,混凝土内部温度为 T,混凝土的绝热温升值为 25 ℃。根据朱伯芳先生的计算结果,不同水管间距时混凝土的内部温升($T-T_0$)见表 6.1。

表 6.1　不同水管间距时混凝土的内部温升

水管间距 /(m×m)		0.5×0.5	1.0×0.5	1.0×1.0	1.5×1.5	3.0×3.0
水温 /℃	$T_w=T_0$	7.66	11.28	14.99	18.72	22.67
	$T_w=T_0-5$	4.44	8.68	13.07	17.51	22.22
	$T_w=T_0-10$	1.86	6.39	11.32	16.37	21.78

从计算所得的混凝土的温升情况来看,与无冷却水条件下的绝热温升值为 25 ℃ 相比,以冷却水可以有效降低混凝土的内部温度,温升有不同程度的降低。冷却水管的间距越小,降温效果越明显,而且水温越低,降温效果越好。

由于冷却水管具有降温效率高的特点,可以在较短时间内把坝体温度降至目标温度。但冷却水管降温也存在一定问题:①冷却水管周边与远处存在较大的温差,变形不一致,在水管周围产生局部拉应力。②混凝土自然冷却时,由于降温缓慢,混凝土徐变可充分发挥作用,对消解拉应力有积极作用,但用水管冷却时,温度急剧下降,混凝土徐变不能充分发挥作用,在相同温差的作用下,产生较大的整体拉应力。

为了减小混凝土因冷却水与混凝土之间温差过大给混凝土带来的开裂风险,朱伯芳先生提出了"小温差、早冷却、缓慢冷却"的新冷却方式,在不影响工程进度的前提下,混凝土与水温之差可从 20～25 ℃ 减小到 4～6 ℃,因温差而导致的温度应力可大幅减小,从而显著提高混凝土的抗裂安全度。当采用 1.5 m×1.5 m 的水管间距,混凝土与冷却水温差在 4～6 ℃,如水管间距小于 1.5 m×1.5 m,则温差可以更小。小温差可以充分利用地表水,而无需对水进行制冷处理,降低施工费用。

同一层冷却水管的布设可以采取单循环和双循环的方式(图 6.2)。与单循环相比,双循环更具优势。双循环布设时,能有效改善混凝土的内部温度分布,降低混凝土内部的温度梯度;混凝土内部最大拉应力值要低,且冷却降温效果更为明显。双循环布设时,在水管进出口位置附近易形成较大的温度梯度,进水温度不宜过低。

4. 相变材料控制温升

相变材料是指在相变过程中能够吸收或放出大量热量,并在此过程中保持温度相对稳定的材料。相变材料可以在温度高于相变点时吸收热量

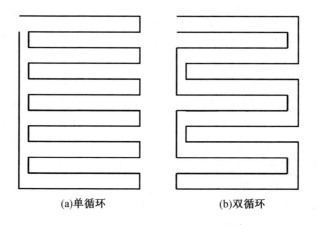

(a)单循环　　　　　　　　(b)双循环

图 6.2　循环冷却水管的平面布设形式

而发生相变(储存能量),而当温度下降到低于相变点时发生逆向相变(释放能量)。相变材料在相变过程中能够吸收或释放热量,而且与显热相比,潜热储存能量大、储能密度高,储存和释放能量的过程是一个等温或近似等温的过程,为其在工程中的应用提供了可能性。相变温度适宜的相变材料适用于大体积混凝土,可用于控制混凝土的温升。相变储能材料具有广泛的研究基础,用于大体积混凝土温度控制是一项新技术,目前在工程中应用还不多,但应用前景广阔。

(1)相变材料概述。

按相变前后的形态又可以分为固－固相变材料、固－液相变材料、液/固－气相变材料。其中固－固相变材料在相变过程中无形态变化,因此,其相变前后体积变化小,对使用过程的基体材料性能影响小,方便使用。但固－固相变材料的相变温度通常较高,适合于控制大体积混凝土温度的固－固相变材料不太常见。固－液相变材料的相变潜热较大,同时相变过程中体积变化也相对较小,是目前研究和应用较多的相变材料。液/固－气相变材料由于在相变过程中产生过大的体积变形,因此,在实际应用中适用性不强。

按化学成分划分,相变材料可分为有机相变材料、无机相变材料和共晶混合物相变材料。其中,有机相变材料使用温度范围广,固化时没有明显的过冷现象,与传统材料兼容性好,化学性能稳定,可在多次循环相变过程中发挥同样的相变储热功能,但有机相变材料通常在固态时导热性能较差,单位体积储热量较低,且有机物通常容易燃烧,与无机相变材料相比成本较高;无机相变材料相变潜热大,单位体积储热能力强,成本低,易于获取,有确切的熔点,但相变时体积变化较大,有析出和过冷现象;共晶混合物相变材料的特点与单质相变材料相似,也有明显的熔点,储热能力略高于有机相变材料。

　　用于大体积混凝土中用以控制混凝土温升的相变材料,其性能的要求包括以下几方面:① 相变温度为 40 ~ 60 ℃,能够在混凝土温度升至一定程度后不再继续升高;② 相变过程中不会产生较大的体积变化;③ 相变热相对较高,提高温度控制的效率;④ 对混凝土的性能不产生影响或者影响不大。鉴于对相变材料的性能需求比较具体,众多相变材料中有可能在混凝土中应用的大约仅有 1%。

　　目前处于研究阶段,可能用于大体积混凝土温度控制的部分相变材料(无机相变材料和石蜡类相变材料)的热物理性能见表 6.2 和表 6.3。

表 6.2　部分无机相变材料的热物理性能

化学式	相变温度 /℃	相变潜热 /(kJ·kg^{-1})
$Na_2HPO_4 \cdot 12H_2O$	40.0	279
$CoSO_4 \cdot 7H_2O$	40.7	170
$KF \cdot 2H_2O$	42.0	162
$MgI_2 \cdot 8H_2O$	42.0	133
$CaI_2 \cdot 6H_2O$	42.0	162
$K_2HPO_4 \cdot 7H_2O$	45.0	145
$Zn(NO_3)_2 \cdot 4H_2O$	45.0	110
$Mg(NO_3)_2 \cdot 4H_2O$	47.0	142
$Ca(NO_3)_2 \cdot 4H_2O$	47.0	153
$Fe(NO_3)_3 \cdot 9H_2O$	47.0	155
$Na_2SiO_3 \cdot 4H_2O$	48.0	168
$Na_2S_2O_3 \cdot 5H_2O$	48.5	210
$MgSO_4 \cdot 7H_2O$	48.5	202
$Ca(NO_3)_2 \cdot 3H_2O$	51.0	104
$Ni(NO_3)_2 \cdot 6H_2O$	57.0	169
$MnCl_2 \cdot 4H_2O$	58.0	151
$MgCl_2 \cdot 4H_2O$	58.0	178

续表6.2

化学式	相变温度 /℃	相变潜热 /(kJ · kg^{-1})
$CH_3COONa \cdot 3H_2O$	58.0	265
$Fe(NO_3)_2 \cdot 6H_2O$	60.5	126
$NaAl(SO_4)_2 \cdot 10H_2O$	61.0	181
$NaOH \cdot H_2O$	64.3	273
$Na_3PO_4 \cdot 12H_2O$	65.0	190
$LiCH_3COO \cdot 2H_2O$	70.0	150

表 6.3 部分石蜡类相变材料的热物理性能

化学式	相变温度 /℃	相变潜热 /(kJ · kg^{-1})
石蜡 $C_{21}H_{44}$	40.2	200
石蜡 $C_{22}H_{46}$	44.0	249
石蜡 $C_{23}H_{48}$	47.5	232
石蜡 $C_{24}H_{50}$	50.6	255
石蜡 $C_{25}H_{52}$	49.4	238
石蜡 $C_{26}H_{54}$	56.3	256
石蜡 $C_{27}H_{56}$	58.8	236
石蜡 $C_{28}H_{58}$	61.6	253
石蜡 $C_{29}H_{60}$	63.4	240
石蜡 $C_{30}H_{62}$	65.4	251
石蜡 $C_{31}H_{64}$	68.0	242
石蜡 $C_{32}H_{66}$	69.5	170

就目前的应用来看,石蜡具有较高的相变潜热,价格较低,容易获取,是最常用的相变材料之一。工业石蜡产品往往分子量并不单一,其熔点在某一个范围内变化。平均分子量越大,相应的熔点越高。

(2) 相变材料的应用。

相变材料在大体积混凝土中应用可采取以下 3 种方法。

① 直接掺入法。

将相变材料制成颗粒,在低于相变温度条件下直接掺入到混凝土中。这种方法操作工艺简单,只增加材料费用,不增加设备费用和加工费用,成本较低。但是直接掺入时,在转变为液相时内部相变材料颗粒形成液珠,表面的液珠往往出现流淌现象。有些相变材料可能因为和水泥基材料发生反应而可能会影响到原建筑材料的耐久性和稳定性,因此不建议使用。

② 胶囊包覆法。

把相变材料制成包覆于高分子材料之内形成胶囊剂,可以微胶囊或大体积胶囊包覆。其中,微胶囊指微小的球形或短棒状颗粒被高分子材料薄膜包覆,如此形成的复合结构可以被掺入到混凝土混合料中。大体积胶囊不与混凝土其他材料一起搅拌,而是在混凝土浇筑时埋设于混凝土中。胶囊包裹方式使得相变材料和基体材料隔离,避免了相变材料在熔融时与基体材料的接触。该工艺相对比较复杂,胶囊的生产加工提高了相变材料的成本,热传导过程的存在使混凝土的降温有一定程度的滞后,尤其对于大胶囊。

③ 多孔材料吸附法。

多孔材料吸附法是把多孔材料浸入熔融状态的相变材料溶液中,使相变材料填充于多孔材料的空隙中从而将相变材料封装的定型技术。该技术主要利用了多孔材料孔隙壁的吸附力,使得相变材料在吸放热过程中不渗漏,且定型材料不因体积变化而开裂。粗细轻骨料、膨胀珍珠岩、膨胀石墨、蒙脱土等均可作为相变材料的载体,是目前研究较多且使用方便的相变材料应用方法。

(3) 相变材料控制温升的作用效果。

相变材料在相变的过程中吸收热量,混凝土中相变材料的体积分数越大,对降低混凝土的温升效果越明显,相变材料的体积分数与混凝土温度降低值的关系为

$$\Delta T = \frac{\alpha \cdot \rho_{\mathrm{p}} \cdot q}{(1-\alpha)\rho_{\mathrm{c}} \cdot c_{\mathrm{c}}} \tag{6.4}$$

式中　　ΔT——混凝土的温度降低值,℃;

　　　　α——相变材料占混凝土的体积分数,%;

　　　　ρ_{p}、ρ_{c}——相变材料和混凝土的体积密度,kg/m³;

　　　　q——相变潜热,kJ/kg;

　　　　c_{c}——混凝土的比热容,kJ/(kg·℃)。

混凝土的体积密度、比热容变化不大,可认为是常数,当比热容取 0.95 kJ/(kg·℃)、体积密度取 2 400 kg/m³ 时,式(6.4)可简化为

$$\Delta T = \frac{\alpha \cdot \rho_{\mathrm{p}} \cdot q}{2\ 280(1-\alpha)} \tag{6.5}$$

以石蜡 $C_{25}H_{52}$ 这例,相变潜热为 238 kJ/kg,密度约为 900 kg/m³,加入混凝土总体积 1% 的石蜡 $C_{25}H_{52}$,温度可降低 0.95 ℃。在不考虑自然散热的情况下,测试相变材料的掺入体积分数与温升降低值的关系,如图 6.3 所示。

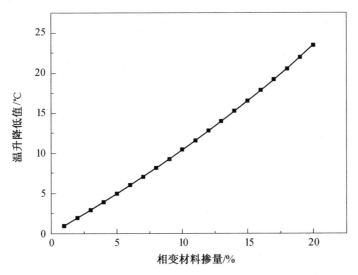

图 6.3 相变材料掺量与温升降低值的关系

从图 6.3 可以看出,相变材料的掺入量与混凝土的温升降低值近似呈线性关系,相变材料的潜热越大,曲线斜率越大。

把相变温度为 25 ℃ 的石蜡相变材料按混凝土总质量的 1%、3%、5% 的比例以胶囊形式加入混凝土,测试其对自密实混凝土温升的影响,如图 6.4 所示。

理论计算和工程实践都可以证明,在大体积混凝土中加入相变材料可以有效降低混凝土的温升,但相变材料的加入对力学性能必然造成一定的影响。相变材料的掺量和使用方法是影响混凝土力学性能的两个重要因素。当采用多孔轻骨料浸渍相变材料时,浸入相变材料的混凝土与轻骨料混凝土的力学性能并无明显区别;当相变材料直接加入或以胶囊形式加入时,将对力学性能造成显著的负面影响。当加入混凝土总质量 1%(体积分数约 2.5%)的相变材料时,将造成约 13% 左右的强度损失。研究更有效的掺加技术,使混凝土在使用相变材料时尽量减小对强度的影响仍然是以后研究的一个方向。

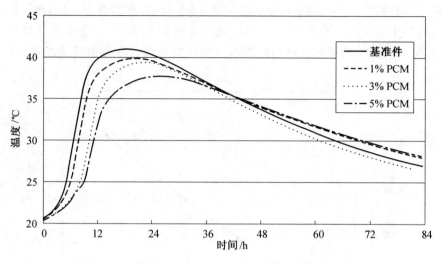

图 6.4　石蜡相变材料对混凝土温度的影响

6.1.4　大体积混凝土养护

在混凝土浇筑完成后,应及时采用塑料薄膜覆盖保水,要求封闭严密。为避免混凝土表面出现塑性开裂,需要时可在浇筑完成后混凝土初凝前进行表面二次振捣及抹压处理。表面抹平扫毛后继续保水或洒水湿养护。待混凝土终凝后,采取适当的方式保湿养护,养护时间至少 14 d。

终凝后的养护手段要求相对固定,不易被损坏。养护时间至少 14 d。养护工艺过程承担着 3 个方面的重要角色:保湿(或补水)、保温、散热。

(1)养护方法 1。较厚的塑料膜或其他不透水薄膜覆盖要求严密无遗漏,分块之间有一定的搭接,边缘部分压紧,施工现场其他的施工作业不得破坏覆盖膜层。该方法适用于一般气候条件,不适用于接近 0 ℃ 及以下的气温条件。该方法养护效果一般。

(2)养护方法 2。用麻袋、草帘进行覆盖,要求全部覆盖无遗漏。在麻袋、草帘上洒水,以覆盖物以下长期保湿甚至有积水为原则。该方法养护效果较好,适用于大部分气候条件,尤其在气温较低时更为适用。

(3)养护方法 3。在终凝后的混凝土表面进行蓄水养护,蓄水时,先行在养护区域四周修筑挡水围堰,围堰高度不低于 150 mm,蓄水平均深度不低于100 mm。初蓄水时,水温要接近于混凝土表面的温度,避免因水温度过低导致混凝土表面因快速降温而表面开裂。由于水的比热容较大,能够保证混凝土表面温度的相对稳定,因此自然散热,使混凝土散热速率稳定,受气温、风速变化的影响较小。该方法适用于大部分的气候条件,尤其适用于昼夜温差大、多风及夏季炎热季节。该方法是大体积混凝土最理想的养护条件。

6.2　超长混凝土结构

超长混凝土结构还没有统一的定义,一般认为是长度超过现行国家标准《混凝土结构设计规范》(GB 50010—2010)所规定的钢筋混凝土结构伸缩缝的最大间距限值而不设置伸缩缝的混凝土结构。超长结构由于其在一维方向上的尺寸远大于其他两个方向的尺寸,使其在长度方向上的尺寸变形形成累积,造成较大的内应力,更容易发生混凝土开裂,施工难度更大。

在超长结构中,当混凝土结构的最小尺寸较大,因温度升高导致的温度变形影响混凝土的尺寸稳定性,所产生的约束应力足以引起关注时,应作为大体积混凝土处理。当一维尺寸较大,而温差引起的内部应力较小时,作为超长结构处理。常见的超长结构包括连续地面、建筑地下结构周边的墙面、超长的梁、楼板等。

超长结构的内部应力主要是由于混凝土收缩变形受到约束而产生的,以适当的方案减小或补偿混凝土收缩、改善混凝土的尺寸稳定性是超长结构施工的重要手段,另外对混凝土进行分块施工,设置后浇带或膨胀加强带是超长结构的典型施工手段。

6.2.1　超长结构后浇带的设置

所谓后浇带是指为防止现浇混凝土结构由于温差、沉降差、收缩不均等引起结构的破坏和裂缝,按照设计或施工规范要求,在板(包括基础底板)、墙、梁相应位置留设临时施工缝,将结构暂时划分为若干部分,结构经过构件沉降稳定、混凝土内部收缩完成后,在若干长的一段时间后再浇筑施工的混凝土带。后浇带将结构重新连成整体,后浇带又称为后浇缝。

后浇带又可分为针对不均匀沉降而设置的沉降后浇带、为防止混凝土收缩导致结构破坏的收缩后浇带和防止因温度变化导致结构破坏的温度后浇带。本小节主要讨论的是收缩后浇带。

在超长混凝土结构中设置后浇带,遵循了"抗放结合,以放为主"的原则。结构中因混凝土收缩被约束导致的内应力通过设置后浇带使应力得以释放或部分释放,然后用膨胀混凝土填筑以抗衡残余的内应力。

对于后浇带的设置要求,多个规范、规程都做了规定。《高层建筑混凝土结构技术规程》(JGJ 3—2010)第3.4.13条规定:每30～40 m间距留出施工后浇带,带宽800～1 000 mm,钢筋采用搭接接头,后浇带混凝土宜在45 d后浇筑。第12.2.3条要求:高层建筑地下室不宜设置变形缝。当地下室长度超过伸缩缝最大间距时,可考虑利用混凝土后期强度,降低水泥用量;也可每隔30～40 m设置贯通顶板、底部及墙板的施工后浇带。

《混凝土结构设计规范》(GB 50010—2010)第8.1条对不同形式的混凝土结构伸缩缝的最大间距做了详细的规定,大于相关规定的混凝土结构均应设置后浇带。

《地下工程防水技术规范》(GB 50108—2008)第5.2.4条规定,后浇带应设在受力和变形较小的部位,其间距和位置应按结构设计要求确定,宽度宜为700～1 000 mm。

《混凝土膨胀剂应用技术规范》(GBJ 50119—2003)第8.4.5条和第8.4.6条:楼面和屋面后浇缝最大间距不宜超过40 m。地下室和水工构筑物的底板和边墙的后浇缝最大间距不超过60 m,后浇缝回填时间为14 d。

在不同的现行规范中,对后浇带的约定并不相同,结构形式不同,后浇带的间距和宽度也不应相同。必须指出的是,后浇带只能解决施工期间混凝土收缩导致的内应力问题,它不能解决由温度变化引起的结构应力集中问题,更不能替代伸缩缝。

6.2.2　后浇带施工

1. 后浇带位置的选择

《高层建筑混凝土结构技术规程》(JGJ 3—2010)第12.2.3条要求:后浇带可设置在柱距三等分的中间范围内以及剪力墙附近,其方向宜与梁正交,沿竖向应在结构同跨内;底板及外墙的后浇带宜增设附加防水层;后浇带封闭时间宜滞后45 d以上,其混凝土强度等级宜提高一级,并宜采用无收缩混凝土,低温入模。

2. 后浇带宽度的选取

后浇带的一般宽度为0.6～1.2 m。

后浇带的宽度受钢筋连接形式的影响。在实际工程中,后浇带处钢筋有全部断开的、全部连续的、部分断开部分连续等几种方案。不同的钢筋处理方式对后浇带能否发挥其作用有较大影响。

后浇带处钢筋若全部断开,则后浇带将结构分成几个独立的部分,后浇带的宽度对结构的变形没有影响;若后浇带处钢筋全部贯通时,后浇带处钢筋将加大对结构变形的约束,阻碍后浇带两侧构件向其刚度中心的变形,钢筋的约束使分段的混凝土受到拉应力作用,不利于后浇带作用的发挥。

因此,当穿越后浇带的钢筋不能全部断开时,后浇带的间距应适当减小。后浇带处钢筋拉应力的大小与穿越后浇带的连续钢筋的面积、后浇带的宽度等因素有关的。穿越后浇带的连续钢筋面积越小,后浇带宽度越大,则钢筋中约束拉力越小,越有利于后浇带作用的发挥,对结构的裂缝控制有利。为了减小钢筋对混凝土的约束作用,当钢筋较多时可以部分断开穿越后浇带的钢筋,或适当加宽后浇带的宽度。

3. 钢筋的连接方式

如果梁板跨度较大,可按规定全部断开或部分断开。在后浇带封闭施工时时以搭接形式连接钢筋,搭接长度应大于 45 倍主筋直径,并应按设计要求加设附加钢筋。

4. 后浇带混凝土浇筑

后浇带封闭时间宜滞后 45 d 以上,最好能达到 60 d 以上。其混凝土强度等级宜提高一级,并宜采用无收缩混凝土或微膨胀混凝土。

后浇带混凝土浇筑时应低温入模。加入膨胀剂的后浇带混凝土应在浇筑的 12 h 内开始覆盖并加强保湿养护,且后浇带混凝土的养护时间不得少于 28 d。

6.2.3 膨胀加强带

膨胀加强带的设计方法基于膨胀混凝土的补偿收缩原理,在结构收缩应力最大的地方给予相应较大的膨胀应力补偿,进而避免或减少由于混凝土冷缩和干缩等收缩形式引起的裂缝。设置膨胀加强带后的超长结构实现了真正的无缝施工,使整个超长结构一次性浇筑完成。

具体做法是:膨胀加强带的宽度为 $2 \sim 3$ m,带之间适当增加水平构造钢筋 $15\% \sim 20\%$,带的两侧分别架设密孔铁丝网,防止混凝土流入加强带。施工时,先浇带外微膨胀混凝土,浇到加强带时,改为大膨胀混凝土,该处混凝土强度等级比两侧混凝土高 5 MPa,如此连续浇筑下去。

这种取消后浇带的连续浇筑混凝土的方法,整体防水性好,可大大缩短工期。但是这种方法必须根据结构的具体情况,适当地选取膨胀剂及确定限制膨胀率,合理地布置膨胀加强带及设置膨胀加强带的宽度。这既是膨胀加强带取代伸缩缝技术的设计关键,也是这种无缝设计施工技术更为广泛应用所必须要解决的问题。由于膨胀混凝土在限制条件下的早期膨胀变形过程较为复杂，各种力学参数又随时间不断变化，故增加了上述问题的复杂性。

目前，膨胀加强带位置的布置及膨胀加强带宽度的确定主要是通过参考以往成型工程的设计施工经验来确定，这种方法不能充分考虑结构的具体形状及复杂边界条件的影响，难以做到经济有效的补偿。

但值得注意的是，膨胀加强带同补偿收缩混凝土一样，并不能独立完全解决混凝土结构的长期裂缝控制问题。在混凝土结构温度收缩效应较显著时，膨胀加强带需与其他裂缝控制措施相配合才能解决混凝土结构裂缝的控制问题。

6.2.4　后浇带预应力筋的连接

在设置后浇带的超长混凝土结构中，如果涉及到预应力钢筋，应在跨越后浇带处做特殊处理。工程中常用的预应力筋连接构造主要有预应力长筋交叉连接，预应力短筋搭接连接，预应力筋延伸搭接连接，以及预应力筋两次张拉、锚固连接等方式。

预应力长筋交叉连接将同向相邻的预应力长筋首尾交叉搭接连接。这种连接方法的优点是可根据设计与施工要求灵活选择预应力长筋的搭接位置，并且张拉的位置在结构顶面或地面，施工方便。它适用于施工中不留后浇带的超长混凝土连续结构，主要用于连接无黏结的预应力筋。

预应力短筋搭接连接常常与混凝土后浇带配合使用，各个分区内的预应力长筋不穿越后浇带，另配穿越后浇带并与预应力长筋平行搭接的预应力短筋。施工时，先在后浇带边缘张拉、锚固预应力长筋，待后浇带封闭后再从结构顶面张拉锚固预应力搭接短筋。该搭接方法中所用的短筋多为无黏结预应力筋，被连接的长筋则可以为有黏结或无黏结预应力筋。这种方法在实际工程中使用得较多。

预应力筋延伸搭接连接是在混凝土后浇带边缘张拉半数预应力筋，将另一半预应力筋相对延伸穿越后浇带并从结构顶面伸出，带后浇带封闭后再张拉。这种构造中没有预应力搭接短筋，常常用于混合配制有黏结、无黏结预应力筋的构造，在无黏结预应力连续楼盖中使用得较多。

预应力筋两次张拉、锚固连接时，先对墙段施加预应力，另一部分预应力筋一端锚固于墙段一端（后浇带边缘），另一端穿越相邻的后浇带，直到这一端后浇带封闭后再张拉。

预应力筋的连接方法较多，可以根据实际情况确定，如图6.5所示。

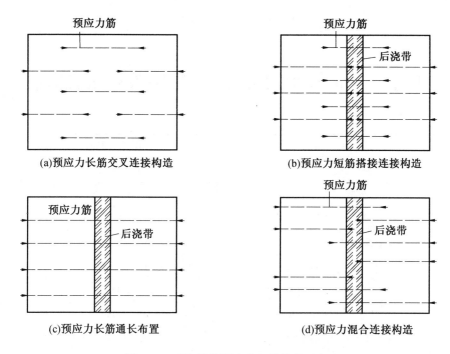

图 6.5 后浇带处预应力钢筋的处理方式

图 6.5(a) 所示方法施工方便,预应力张拉阶段工期短,只待侧墙混凝土强度达到要求,即可一次张拉完毕,但是这种连接方法的缺陷十分明显,各段预应力筋分段建立的预应力相互作用,沿侧墙预应力损失非常大,在实际工程中尽量不要采用。图 6.5(b) ～ (d) 所示方法都结合了后浇带设置,适用的侧墙长度较长,其中图 6.5(b) 所示方法使用的锚具较多,但可减少支护费用,且预应力损失较小;图 6.5(c) 所用锚具较少,但是施工期间支撑需要等到预应力全部张拉完毕后方可拆除,而后浇带一般封闭较晚,故支护费用较高,且适用长度有限;图 6.5(d) 所示方法结合了图 6.5(b)、图 6.5(c) 所示方法的优点,但是工期比较长且施工难度比较大,对施工要求较高。

总之,大体积及超长混凝土结构施工时需要多种技术手段并用,需要从原材料选择、配合比设计、构造设计、施工及养护措施等方面根据结构具体情况全方位地考虑,制定出针对具体工程的专项方案,预防尺寸稳定性不良所带来的质量问题。

附录 混凝土尺寸稳定性相关标准规范

标准(规范)名称	代号／编号
通用硅酸盐水泥	GB 175—2007
混凝土外加剂	GB 8076—2008
混凝土膨胀剂	GB 23439—2009
混凝土结构设计规范	GB 50010－2010
地下工程防水技术规范	GB 50108－2008
混凝土外加剂应用技术规范	GBJ 50119—2003
大体积混凝土施工规范	GB 50496—2009
混凝土结构工程施工规范	GB 50666—2011
建设用砂	GB/T 14684—2011
用于水泥和混凝土中的粒化高炉矿渣粉	GB/T 18046—2008
水泥混凝土和砂浆用合成纤维	GB/T 21120—2007
水泥混凝土和砂浆用短切玄武岩纤维	GB/T 23265—2009
石灰石粉混凝土	GB/T 30190—2013
大体积混凝土温度测控技术规范	GB/T 51028—2015
高层建筑混凝土结构技术规程	JGJ 3—2010
混凝土泵送施工技术规程	JGJ/T 10—2011
补偿收缩混凝土应用技术规程	JGJ/T 178—2009
纤维混凝土应用技术规程	JGJ/T 221—2010
建筑工程裂缝防治技术规程	JGJ/T 317—2014
石灰石粉在混凝土中应用技术规程	JGJ/T 318—2014
钢纤维混凝土	JG/T 3064—1999
石灰石硅酸盐水泥	JC/T 600—2010

续表

标准（规范）名称	代号／编号
玻璃纤维短切原丝	JC/T 896—2002
水泥早期抗裂性试验方法	JC/T 2234—2014
混凝土用钢纤维	YB/T 151—1999
超长大体积混凝土结构跳仓法技术规程	DB11/T 1200—2015
地下混凝土结构防裂技术规程	DB21/T 1745—2009
地铁混凝土技术规范	DB2101/T J05—2008
超长混凝土结构防裂技术规范	DB2101/T J013—2013
超长地下室混凝土结构防裂技术规定	SYJG 2007—1

参 考 文 献

[1] 杨文科. 现代混凝土科学问题与研究［M］. 2 版. 北京：清华大学出版社，2015.

[2] 肖忠明. 现代混凝土开裂的原因之综述［J］. 水泥工程，2015，1：72-78.

[3] 张大康. 对预防碱－集料反应与限定水泥碱含量的几点思考［J］. 水泥，1993，1：13-15.

[4] 覃维祖. 我国混凝土外加剂的发展及存在问题［J］. 施工技术，2009，38(4)：7-14.

[5] 乔墩. 减缩剂对水泥基材料收缩抑制作用及机理研究［D］. 重庆：重庆大学，2010.

[6] 钱春香，耿飞，李丽. 减缩剂的作用及其机理［J］. 功能材料，2006，37(2)：287-291.

[7] BENTZ D P. A review of early-age properties of cement-based materials［J］. Cement and Concrete Research，2008，38：196-204.

[8] 李锋. 粉煤灰的应用［J］. 山西能源与节能，2009，52(1)：26-27.

[9] 阎培渝. 现代混凝土的特点［J］. 混凝土，2009，1：3-5.

[10] 马新伟. 高性能混凝土早期约束收缩及受拉徐变特性研究［D］. 哈尔滨：哈尔滨工业大学，2005.

[11] 姚武，郑欣. 配合比参数对混凝土热膨胀系数的影响［J］. 同济大学学报(自然科学版)，2007，35(1)：77-81.

[12] TAZAWA E. Autogenous shrinkage of concrete［M］. London：E&FN Spon. ，1999.

[13] JIANG Z，SUN Z，WANG P. Autogenous relative humidity change and autogenous shrinkage of high-performance cement pastes［J］. Cement and Concrete Research，2005，35(8)：1539-1545.

[14] JENSEN O M. Thermodynamic limitation of self-desiccation［J］. Cement and Concrete Research，1995，25(1)：157-164.

[15] JENSON O M，HANSEN P F. Autogenous deformation and RH-change in perspective［J］. Cement and Concrete Research，2001，31：1859-1865.

[16] JENSEN O M，HANSEN P F. Autogenous relative humidity change in silica fume-modified cement paste［J］. Advances in

Cement Research，1995，7(25)：33-38.

[17] MEHTA P K，MONTEIRO P J M. Concrete microstructure，properties and materials[M]. New York：McGraw-Hill Professional，2001.

[18] BENTZ D P，WEISS W J. Internal curing：a 2010 state-of-the-art review[M]. Gaithersburg：National Institute of Standard and Technology，2011.

[19] BENTZ D P, GARBOCZI E J, QUENARD D A. Modeling drying shrinkage in porous materials using image reconstruction：application to porous Vycor glass[J]. Model Simul. in Mater. Sci. and Eng. ,1998,6(3) ：211-236.

[20] MACKENZIE J K. The elastic constants of a solid containing spherical holes[J]. Proc. Phys. Soc. ,1950,683：2-11.

[21] KOVLER K. Why sealed concrete swells[J]. ACI Materials Journal,1996, 93(4)：334-340.

[22] YOUNG J F. The microstructure of hardened of hardened portland cement paste[C]. Chichester：John Wiley & Sons, 1988.

[23] YUAN Y, WAN Z L. Prediction of cracking within early-age concrete due to thermal drying and creep behavior[J]. Cement and Concrete Research,2002, 32：1053-1059

[24] 袁勇. 混凝土结构早期裂缝控制[M]. 北京：科学出版社,2003.

[25] METALSSIA O O, AÏT-MOKHTARB A, TURCRYB P,et al. Consequences of carbonation on microstructure and drying shrinkage of a mortar with cellulose ether [J]. Construction and Building Materials，2012(34)：221-223.

[26] 叶铭勋. 混凝土碳化反应的热力学计算[J]. 硅酸盐通报，1989(2)：16-17.

[27] PIETRO L，OLE M J. Measuring techniques for autogenous strain of cement paste[J]. Materials and Structures，2007, 40：431-440.

[28] 田倩,孙伟,缪昌文,等. 高性能混凝土自收缩测试方法探讨[J]. 建筑材料学报,2005,8(1)：82-89.

[29] 夏威. 掺矿粉粉煤灰混凝土塑性收缩的量化研究[J]. 新型建筑材料,2016,10：1-5.

[30] LOUKILI A，CHOPIN D，KHELIDJ A. A new approach to determine autogenous shrinkage of mortar at an early age

considering temperature history[J]. Cement and Concrete Research, 2000, 30: 915-922.

[31] BREUGEL L K V, MARUYAMA I. Effect of curing temperature and type of cement on early-age shrinkage of high-performance concrete[J]. Cement And Concrete Research, 2001, 31: 1867-1872.

[32] JENSEN O M, HANSEN P F. A dilatometer for measuring autogenous deformation in hardening Portland cement paste[J]. Materials and Structures, 1995, 28(181): 406-409.

[33] 安明哲,覃维祖,朱金铨. 高强混凝土的自收缩试验研究[J]. 山东建材学院学报,1998,6:139-143.

[34] 吴中伟,廉慧珍. 高性能混凝土[M].北京:中国铁道出版社,1999.

[35] 朱金铨,覃维祖. 高性能混凝土的自收缩问题[J].建筑材料学报, 2001, 4(2):159-166.

[36] 马冬花,尚建丽. 高性能混凝土的自收缩[J].西安建筑科技大学学报, 2003, 35(1):82-84.

[37] SANT G, LURA P, WEISS J. A discussion of analysis approaches for determining 'time zero' from chemical shrinkage and autogenous strain measurements in cement paste[C]. Lyngby: RILEM Int. Conf. Volume Changes of Hardening Concrete, 2006.

[38] PIRSKAWETZ S, WEISE F, FONTANA P. Detection of early-age cracking using acoustic Emission[C]. Lyngby:RILEM Int. Conf. Volume Changes of Hardening Concrete, 2006.

[39] LURA P, COUCH J, JENSEN O M, WEISS J. Early-age acoustic emission measurements in hydrating cement paste: Evidence for cavitation during solidification due to self-desiccation[J]. Cement and Concrete Research, 2009, 39: 861-867.

[40] 苏安双. 高性能混凝土早期收缩性能及开裂趋势研究[D].哈尔滨:哈尔滨哈尔滨工业大学,2008.

[41] WHITING D A, DETWELER R J, LAGERGERN E S. Cracking tendency and drying shrinkage of silica fume concrete for bridge deck application[J]. ACI Materials Journal, 2000, 97(1): 71-76.

[42] ATTIOGBE E K, SEE H T, MILTENBERGER M A. Cracking

potential of concrete under restrained shrinkage[J]. Advances in Cement and Concrete Proceedings，2003：191-202.

[43] PAILLERE A M，BUIL M，SERRANO J J. Effect of fiber addition on the autogenous shrinkage of silica fume concrete[J]. ACI Materials Journal，1989，86(2)：139-144.

[44] KOVLER K. Testing system for determining the mechanical behavior of early age concrete under restrained and free uniaxial shrinkage[J]. Materials and Structures，1994，27：324-330.

[45] BANTHIA N，YAN C，MANDESS S. Restrained shrinkage cracking in fiber reinforced concrete：a novel test technique[J]. Cement and Concrete Research，1996，26(1)：7-14.

[46] TAZAWA E，MIYAZAWA S. Influence of cement and admixture on autogenous shrinkage of cement paste[J]. Cement and Concrete Research，1995，25(2)：281-287.

[47] BURROWS R W. 混凝土的可见与不可见裂缝[M]. 廉慧珍，覃维祖，译. 北京：中国水利水电出版社，2013.

[48] 朱伯芳，杨萍. 混凝土的半熟龄期 —— 改善混凝土抗裂能力的新途径[J]. 水利水电技术，2008，39(5)：30-35.

[49] 施惠生，黄小亚. 硅酸盐水泥水化热的研究及其进展[J]. 水泥，2009，12：4-9.

[50] 王冲，张洪波，杨长辉，等. 水泥细度对水泥水化及混凝土早期开裂影响[J]. 建筑材料学报，2013，16(5)：853-857.

[51] 李豪举，杨长辉，王冲. 水泥细度对混凝土强度与干缩的影响[J]. 混凝土，2011，10：7-9.

[52] 刘冠国，马虎，曹鹏飞. 水泥细度对早龄期混凝土抗裂性能的影响[J]. 混凝土，2011，12：70-72.

[53] VARGA I D，CASTRO J，BENTZ D，et al. Application of internal curing for mixtures containing high volumes of fly ash[J]. Cement & Concrete Composites，2012，34：1001-1008.

[54] ZHAO H，SUN W，WU X M，et al. The properties of the self-compacting concrete with fly ash and ground granulated blast furnace slag mineral admixtures[J]. Journal of Cleaner Production，2015，95：66-74.

[55] JENSEN O M，HANSEN P F. Autogenous deformation and

change of the relative humidity in silica fume modified cement paste [J]. ACI Materials Journal, 1996, 93(6):539-543.

[56] KANDA T, MOMOSE H, IMAMOTO. Shrinkage cracking resistance of blast furnace slag blended cement concrete-influencing factors and enhancing measures[J]. Journal of Advanced Concrete Technology, 2015, 13:1-14.

[57] ZHAO H, SUN W, WU X, et al. The properties of the self-compacting concrete with fly ash and ground granulated blast furnace slag mineral admixtures[J]. Journal of Cleaner Production, 2015, 95: 66-74.

[58] 汪丕明,萧树忠,李如峰,等. 石灰石粉引起混凝土收缩的抑制措施研究[J]. 商品混凝土,2016,6:36-37.

[59] 刘牧天,黎梦圆,王强. 等强度条件下石灰石粉对混凝土收缩和耐久性的影响[J]. 硅酸盐通报,2014,33(8):1967-1972.

[60] 罗旌旺,卢都友,许涛,等. 偏高岭土对硅酸盐水泥浆体干缩行为的影响及机理[J]. 硅酸盐学报,2011,39(10):1687-1693.

[61] 余强,曾俊杰,范志宏,等. 偏高岭土和硅灰对混凝土性能影响的对比分析[J]. 硅酸盐通报,2014,33(12):3134-3139.

[62] 陈瑜,邹成,宋宝顺,等. 掺矿物掺合材水泥净浆的化学收缩与自收缩[J]. 建筑材料学报,2014,17(3):481-486.

[63] 刘红彬,盛星汉,唐伟奇,等. 偏高岭土对混凝土性能影响的研究进展[J]. 混凝土,2014,10:52-56.

[64] NEVILLEA M. Properties of concrete [M]. 4 th ed. New York: John Wiley & Sons, 1995.

[65] HOBBS D W. Influence of aggregate restraint on the shrinkage of concrete[J]. ACI Journal, 1974, 9:445-450.

[66] ASAMOTO S, ISHIDA T, MAEKAWA K. Investigation into volumetric stability of aggregate and shrinkage of concrete as a composite[J]. Journal of Advanced Concrete Technology, 2008, 6(1): 77-90.

[67] 费治华,乔艳静,田倩. 减水剂品种对水泥浆体的收缩性能研究[J]. 化学建材,2008,24(1):36-38.

[68] 周富荣. 养护对混凝土收缩和开裂的影响[D]. 杭州:浙江大学,2006.

[69] 刘勇,李世华,李章建,等. 超缓凝混凝土的耐久性研究[J]. 建材发展导向,2014,12:33-39.

[70] 马立国，崔淑梅，宋宏伟，等. WHⅡ型超缓凝剂对混凝土耐久性能影响的试验研究[J]. 烟台大学学报(自然科学与工程版),2005,18(2):149.

[71] 刘志云. 无机盐复掺对混凝土早期收缩影响的研究[D]. 哈尔滨:哈尔滨工业大学,2011.

[72] 廉慧珍,阎培渝. 对膨胀剂在使用中出现问题的讨论. 施工技术[J],1999,11(28):49-51,55.

[73] 尚建丽,马冬花,李占印. 高性能混凝土中膨胀剂效用的试验研究[J]. 新型建筑材料,2003(11):34-36.

[74] 周永祥,王永海,冷发光,等. 膨胀剂在混凝土早期收缩中的效能研究[J]. 混凝土世界,2013,4:43-47.

[75] TAZAWA E, MIYAZAWA S. Influence of cement and admixture on autogenous shrinkage of cement paste[J]. Cement and Concrete Research, 1995, 25(2): 281-287.

[76] 崔正龙,吴翔宇,童华彬. 砂率对再生混凝土强度及干缩性能影响[J]. 硅酸盐通报,2014,33(11):3054-3057.

[77] 程智清,刘宝举. 高性能轻集料混凝土收缩性能研究[J]. 混凝土与水泥制品,2008,4:10-13.

[78] 李路苹,钱晓倩. 砂率对陶粒轻集料结构混凝土性能的影响[J]. 材料科学与工程学报,2015,33(1):56-61.

[79] 杨长辉,王海阳. 环境因素变化对高强混凝土塑性开裂的影响[J]. 混凝土,2005,5:27-32.

[80] 姜帅. 风与环境温度对大面积混凝土地面连续浇筑长度的影响研究[D]. 重庆:重庆大学,2014.

[81] 钱晓倩,孟涛,詹树林,等. 相对湿度对混凝土和砂浆收缩规律的影响[J]. 沈阳建筑大学学报(自然科学版),2006,22(2):268-271.

[82] 林永权,文梓芸. 预拌加冰混凝土及其温度控制[J]. 混凝土,2004,8:50-52.

[83] 李宝锋. 夏期砼入模温度控制[J]. 中国水运,2008,6(1):64-65.

[84] 钱晓倩,詹树林,周富荣,等. 早期养护时间对混凝土早期收缩的影响[J]. 沈阳建筑大学学报(自然科学版),2007,23(4):610-613.

[85] 康明. 施工期钢筋混凝土构件约束收缩变形性能研究[J]. 重庆:重

庆大学,2010.

[86] 邱玉深. 混凝土结构的变形约束度及裂缝控制[J]. 混凝土,2005,5:6-9.

[87] 游宝坤,赵顺增.我国混凝土膨胀剂发展的回顾和展望[J].膨胀剂与膨胀混凝土,2012(2):1-5.

[88] MO L,DENG M,WANG A. Effects of MgO-based expansive additive on compensating the shrinkage of cement paste under non-wet curing conditions[J]. Cem. Concr. Compos. ,2012(34):377-383.

[89] 陈昌礼,陈学茂. 氧化镁膨胀剂及其在大体积混凝土中的应用[J]. 新型建筑材料,2007(4):60-64.

[90] 高培伟,卢小琳,唐明述. 膨胀剂对混凝土变形性能的影响[J]. 南京航空航天大学学报,2006,38(2):251-255.

[91] 游宝坤. 膨胀剂对高性能混凝土的裂缝控制作用[J]. 建筑技术,2001,32(1):18-21.

[92] 何廷树,张圣菊,杨松林.缓凝剂对硫铝酸盐型膨胀剂效能的影响[J].新型建筑材料,2006(11):56-60.

[93] 徐文,李华,田倩,等. 缓凝剂对氧化钙膨胀剂效能的影响[J]. 硅酸盐学报,2014,42(2):184-189

[94] 李文伟,唐明述,张守治. 轻烧 MgO 膨胀剂对水泥浆体变形行为的影响[J]. 水泥与混凝土制品,2009,6:5-8.

[95] 王栋民,金欣,欧阳世翕.水泥－膨胀剂－磨细矿渣复合胶凝材料膨胀与强度发展的协调性研究[J].硅酸盐学报,2002,30:59-63.

[96] 杨易灵.含水率和膨胀剂对预拌补偿收缩混凝土抗折性能影响的试验与分析[J]. 混凝土,2015,2(36):128-131.

[97] 许小琴,朱敏. 浅析超长地下工程钢筋混凝土结构后浇带的设计应用[J]. 建筑与结构设计,2012,11:54-56,61.

[98] 高培伟,卢小琳,唐明述. 膨胀剂对混凝土变形性能的影响[J]. 南京航空航天大学学报,2006,38(2):251-255.

[99] 张向军,陈华良,叶青,等. 养护条件对掺膨胀剂高性能混凝土尺寸稳定性的影响[J]. 混凝土,2003,4:16-18.

[100] 乔墩. 减缩剂对水泥基材料收缩抑制作用及机理研究[J]. 重庆:重庆大学,2010.

[101] HUNGER M, ENTROP A G, MANDILARAS I, et al. The behavior of self-compacting concrete containing micro-encapsulated phase change

materials[J]. Cement & Concrete Composites, 2009, 31: 731-743.

[101] 钱春香, 耿飞, 李丽. 减缩剂的作用及其机理[J]. 功能材料, 2006, 37(2):287-291.

[102] VARGA I D, CASTRO J, BENTZ D, et al. Application of internal curing for mixtures containing high volumes of fly ash[J]. Cement & Concrete Composites, 2012, 34: 1001-1008.

[103] PHILLEO R. Concrete science and reality[C]. Westerville: American Ceramic Society, 1991.

[104] 马新伟, 李学英, 焦贺军. 超强吸水聚合物在砂浆与混凝土中的应用研究[J]. 武汉理工大学学报, 2009, 31(2):33-36.

[105] POWERS T C, BROWNYARD T L. Studies of the physical properties of hardened portland cement paste[C]. Chicago: Research Laboratories of the Portland Cement Association, 1948.

[106] HASHOLT M T, JENSEN O M. Chloride migration in concrete with superabsorbent polymers[J]. Cement & Concrete Composites, 2015, 55: 290-297.

[107] FRIEDEMANN K, STALLMACH F, KÄRGER J. NMR diffusion and relaxation studies during cement hydration—a non-destructive approach for clarification of the mechanism of internal post curing of cementitious materials[J]. Cem. Concr. Res., 2006, 36(5): 817-826.

[108] SHARMA A, TYAGI V V, CHEN C R, et al. Review on thermal energy storage with phase change materials and applications[J]. Renewable and Sustainable Energy Reviews, 2009, 13: 318-345.

[109] BENTZ D P, SNYDER K A. Protected paste volume in concrete. extension to internal curing using saturated lightweight fine aggregate[J]. Cement and Concrete Research, 1999, 29: 1863-1867.

[110] BENTZ D P, Three-dimensional computer simulation of cement hydration and microstructure development[J]. J. Am. Ceram. Soc., 1997, 80 (1): 3-21.

[111] HENKENSIEFKEN R, BENTZ D, NANTUNG T, et al. Volume change and cracking in internally cured mixtures made with saturated lightweight aggregate under sealed and unsealed conditions[J]. Cement & Concrete Composites, 2009, 31: 427-437.

[112] HENKENSIEFKEN R,NANTUNG T,WEISS J. Saturated light-weight aggregate for internal curing in low w/c mixtures: monitoring water movement using X-ray absorption[J]. Strain, 2011(47):432-441.

[113] GARBOCZI E J, BENTZ D P. Analytical formulas for interfacial transition zone properties[J]. Adv. Cem-Based Mater., 1997(6):99-108.

[114] LU B,TORQUATO S. Nearest-surface distribution-functions for polydispersed particle- systems [J]. Physical Review A,1992, 45(8):5530-5544.

[115] 向亚平,魏亚,张倩倩,等. 轻细骨料内养护混凝土抗压强度与模拟 [J]. 混凝土,2013(3):44-47,51.

[116] BENTZ D P,WEISS W J. Internal curing: a 2010 state-of-the-art review[M]. Gaithersburg: National Institute of Standard and Technology, 2011.

[117] 李北星,查进,李进辉,等. 饱水轻集料内养护对高性能混凝土收缩 的影响[J]. 武汉理工大学学报,2008,30(5):24-27.

[118] BELEN Z, JOSE M M, LUISA F C, et al. Review on thermal energy storage with phase change materials heat analysis and application[J]. Applied Thermal Engineering,2003(23):251-283.

[119] SIRIWATWECHAKUL W, SIRAMANONT J, VICHIT-VADAKAN W. Behavior of superabsorbent polymers in calcium- and sodium-rich solutions[J]. Journal of Materials in Civil Engineering, 2012, 24(8): 976-980.

[120] ASSMANN A. Physical properties of concrete modified with superabsorbent polymers [D]. Stuttgart: Stuttgart University, 2013.

[121] JENSEN O M, HANSEN P F. Water-entrained cement-based materials II. experimental observations[J]. Cement and Concrete Research, 2002 (32) :973-978.

[122] CHRISTOF S, VIKTOR M, MICHAELA G. Relation between the molecular structure and the efficiency of superabsorbent polymers (SAP) as concrete admixture to mitigate autogenous shrinkage[J]. Cement and Concrete Research, 2012, 42: 865-873.

[123] JENSEN O M, HANSEN P F. Water-entrained cement-based

materials Ⅰ. principles and theoretical background[J]. Cement and Concrete Research, 2001, 31: 647-654.

[124] VIKTOR M, MICHAELA G. Effect of internal curing by using superabsorbent polymers (SAP) on autogenous shrinkage and other properties of a high-performance fine-grained concrete: results of a RILEM round-robin test[J]. Materials and Structures, 2014, 47: 541-562.

[125] BEUSHAUSEN H, GILLMER M, ALEXANDER M. The influence of superabsorbent polymers on strength and durability properties of blended cement mortars[J]. Cement & Concrete Composites, 2014, 52: 73-80.

[126] 陈波, 丁建彤, 蔡跃波, 等. 内养护与膨胀剂复合作用对混凝土综合抗裂性能的影响[J]. 硅酸盐学报, 2016, 42(2): 189-195.

[127] 马新伟, 李学英, 朱卫中, 等. 部分约束条件下中低水灰比混凝土开裂的预测[J]. 建筑材料学报, 2006, 5: 598-602.

[128] 黄士元. 高性能混凝土发展的回顾与思考[J]. 混凝土, 2003, 7: 3-9.

[129] MA X W, NIU C R, HOOTON R D. Mechanical analysis of concrete specimen under restrained condition[J]. Materials Science Edition, 2005, 20(3): 91-94.

[130] MA X W, CAO L X, HOOTON R D, et al. Time-dependent early-age behaviors of concrete under restrained condition[J]. Journal of Wuhan University of Technology, Materials Science, 2007, 22(2): 350-353.

[131] BYFORS J. Plain concrete at early ages[C]. Stockholm: Swedish Cement and Concrete Institute, 1980.

[132] BANG S C. Active earth pressure behind retaining walls[J]. Journal of Geotechnical Engineering, 1985, 111(3): 407-412.

[133] 杨富亮, 熊祖云. 混凝土极限拉伸值影响因素探讨[J]. 建筑技术, 2014, 45(增刊): 124-126.

[134] 邓宗才, 李建辉, 傅智, 等. 聚丙烯纤维混凝土直接拉伸性能的试验研究[J]. 公路交通科技, 2005, 22(7): 45-48.

[135] 阎培渝, 胡瑾, 周予启. 大体积底板混凝土施工技术路线选择[J]. 施工技术, 2013, 42(24): 32-34.

[136] FENG J, MIAO M, YAN P. The effect of curing temperature on the properties of shrinkage-compensated binder[J]. Science China, 2011, 54(7): 1715-1721.

[137] 杨斌. "跳仓法"施工技术在海外项目大体积混凝土工程中的应用[J]. 安徽建筑, 2014, 4: 81-82.

[138] 朱伯芳, 吴龙坤, 杨萍, 等. 利用塑料水管易于加密以强化混凝土冷却[J]. 水利水电技术, 2008, 39(5): 36-39.

[139] 朱伯芳, 吴龙坤, 张国新. 混凝土坝水管冷却的利与弊[J]. 水利水电技术, 2009, 40(12): 26-30.

[140] 朱伯芳. 小温差早冷却缓慢冷却是混凝土坝水管冷却的新方向[J]. 水利水电技术, 2009, 40(1): 44-50.

[141] 张超, 常晓林, 刘杏红. 大体积混凝土施工期冷却水管埋设形式的优化[J]. 天津大学学报(自然科学与工程技术版), 2014, 47(3): 276-282.

[142] 刘晓龙, 柯国炬, 田波. 相变材料在大体积混凝土中应用的研究现状[J]. 新型建筑材料, 2015, 5: 81-85.

[143] 施韬, 孙伟. 相变储能建筑材料的应用技术进展[J]. 硅酸盐学报, 2008, 36: 1031-1036.